EL APASIONANTE MUNDO

DE LA

PROGRAMACIÓN LINEAL

Federico Garriga Garzón

El apasionante mundo de la programación lineal

1a Edición: © 2015 OmniaScience (Omnia Publisher SL)
© Federico Garriga Garzón, 2015

DOI: http://dx.doi.org/10.3926/oss.19
ISBN: 978-84-944229-0-4
© Diseño de cubierta: OmniaScience
© Imagen: Abstrakt wellen bewegung. Bittedankeschön - Fotolia.com

No hay libro tan malo del que no se pueda aprender algo bueno.

Cayo Plinio El joven

A quienes ven en los modelos matemáticos

la solución a los problemas.

Índice

Prólogo

El apasionante mundo de la programación lineal es la continuación o el inicio, a tenor de los intereses de cada lector, del texto publicado con anterioridad por el mismo autor y que lleva por título "Problemas resueltos de programación lineal". En la presente obra se incluye la resolución de ejercicios de programación lineal, así como un apéndice en el que de forma muy breve se exponen los conocimientos necesarios sobre programación lineal para su aplicación a la resolución de problemas.

La finalidad del libro es eminentemente didáctica, justificándose su publicación exclusivamente por razones pedagógicas. El autor pretende a través del texto, acompañar a los estudiantes a lo largo de su proceso de aprendizaje de dicha materia en las diversas Facultades, Escuelas Técnicas y Escuelas de Negocios en las que se imparte, y a los profesionales, dotarles de una fuente de información y una metodología de resolución de problemas en el ámbito de sus empresas.

Uno de los hechos que conviene resaltar de la programación matemática, es que si bien a nivel de literatura científica sobre programación y modelado matemático, son cientos y cientos los valiosos modelos formulados por diversos y muy notables autores para la resolución de todo tipo de problemas, llegando prácticamente a la existencia de un modelo matemático para cada problema, ya sea este conocido o previsible, el uso de la programación matemática en el ámbito empresarial se halla poco extendido. Es por ello, que uno de los principales objetivos del autor es popularizar a través del presente texto, el conocimiento de la programación lineal entre los actuales y los futuros directivos y cuadros intermedios de las empresas, con la finalidad de que incrementen notablemente su uso en la práctica empresarial y mejoren con ello las decisiones que estos adopten, logrando así incrementar la competitividad de sus respectivas empresas, lo que les permitirá crecer e incrementar el número de puestos de trabajo de las mismas.

Además de los conocimiento mínimos necesarios sobre programación lineal que se hallan resumidos en el apéndice, se recoge la resolución de veinticuatro ejercicios que abarcan un amplio espectro de la programación lineal. Dichos ejercicios no están ordenados por nivel de dificultad, compatibilizándose ejercicios sencillos con ejercicios complejos con la finalidad de hacer más ameno el trabajo al lector incrementando así su motivación por la toma de decisiones sobre la base de modelos cuantitativos.

1 | Ejercicios

Ejercicio 1

Resuelva el siguiente programa lineal utilizando el método de la forma producto de la inversa, es decir, llevando la inversa de la base en cada iteración en la forma de producto de matrices elementales.

$$\text{Máx} \left\{ 6\,X_1 + 4\,X_2 \right\}$$

$$3\,X_1 + 2\,X_2 \leq 4$$

$$X_1 + 2\,X_2 \geq 9$$

$$0 \leq X_1 \leq 1$$

$$0 \leq X_2 \leq 4$$

$$X_1\,,\,X_2 \geq 0$$

Solución

Añadiendo al modelo las variables de holgura, exceso y artificiales que corresponda, con la finalidad de expresar el modelo en formato estándar, resulta:

$$\text{Min} \left\{ -6\,X_1 - 4\,X_2 + M\,A_1 \right\}$$

$$3\,X_1 + 2\,X_2 + S_1 = 4$$

$$X_1 + 2\,X_2 - E_1 + A_1 = 9$$

$$0 \leq X_1 \leq 1$$

$$0 \leq X_2 \leq 4$$

$$X_1 , X_2 \geq 0$$

Solución inicial

$$X_B = B_1^{-1} \cdot b = \begin{bmatrix} 1 & 0 \\ 0 & 1 \end{bmatrix} \cdot \begin{bmatrix} 4 \\ 9 \end{bmatrix} = \begin{bmatrix} 4 \\ 9 \end{bmatrix} = \begin{bmatrix} S_1 \\ A_1 \end{bmatrix}$$

$$X_N = \begin{bmatrix} 0 \\ 0 \\ 0 \end{bmatrix} = \begin{bmatrix} X_1 \\ X_2 \\ E_1 \end{bmatrix}$$

$$Z = C_B \cdot X_B + C_N \cdot X_N = \begin{bmatrix} 0 & M \end{bmatrix} \cdot \begin{bmatrix} 4 \\ 9 \end{bmatrix} + \begin{bmatrix} -6 & -4 & 0 \end{bmatrix} \cdot \begin{bmatrix} 0 \\ 0 \\ 0 \end{bmatrix} = 9\,M$$

Iteración 1

Paso 1. Calcule los costes reducidos de las variables no básicas.

$$w = C_B \cdot B_1^{-1} = C_B \cdot I = C_B = (0 \quad M)$$

$$Z_j - C_j = w \cdot N - C_N$$

$$Z_j - C_j = (0 \quad M) \cdot \begin{bmatrix} 3 & 2 & 0 \\ 1 & 2 & -1 \end{bmatrix} - (-6 \quad -4 \quad 0) = (M+6 \quad 2M+4 \quad -M)$$

Paso 2. Determine la variable que debe entrar en la base con el objetivo de mejorar la solución actual.

Entra en la base X_2 ya que tiene el coste reducido positivo, y de todos los positivos el mayor.

Paso 3. Determine la variable que debe salir de la base.

$$\beta_1 = \left\{ \begin{array}{ll} \text{Min} \dfrac{X_{B_i} - L_{B_i}}{B_1^{-1} \cdot A_{X_2}} & \text{si} \quad (B_1^{-1} \cdot A_{X_2}) > 0 \\ \infty & \text{si} \quad (B_1^{-1} \cdot A_{X_2}) \le 0 \end{array} \right\} = \text{Min} \left\{ \dfrac{4-0}{2}, \dfrac{9-0}{2} \right\} = 2$$

$$\beta_2 = \left\{ \begin{array}{ll} \text{Min} \dfrac{U_{B_i} - X_{B_i}}{-(B_1^{-1} \cdot A_{X_2})} & \text{si} \quad (B_1^{-1} \cdot A_{X_2}) < 0 \\ \infty & \text{si} \quad (B_1^{-1} \cdot A_{X_2}) \ge 0 \end{array} \right\} = \text{Min} \{\infty, \infty\} = \infty$$

$$U_{X_2} - L_{X_2} = 4 - 0 = 4$$

$$\Delta X_2 = \text{Min} \{2, \infty, 4\} = 2 \quad \rightarrow \quad \text{Sale } S_1$$

Paso 4. Evalúe la nueva solución.

$$X_B^N = X_B^A - \left(B_1^{-1} \cdot A_{X_2}\right) \cdot \Delta X_2 = \begin{bmatrix} 4 \\ 9 \end{bmatrix} - \begin{bmatrix} 2 \\ 2 \end{bmatrix} \times 2 = \begin{bmatrix} 0 \\ 5 \end{bmatrix} = \begin{bmatrix} S_1 \\ A_1 \end{bmatrix}$$

$$X_B = \begin{bmatrix} 2 \\ 5 \end{bmatrix} = \begin{bmatrix} X_2 \\ A_1 \end{bmatrix} \qquad\qquad X_N = \begin{bmatrix} 0 \\ 0 \\ 0 \end{bmatrix} = \begin{bmatrix} X_1 \\ S_1 \\ E_1 \end{bmatrix}$$

$$Z^N = Z^A - \left(Z_{X_2} - C_{X_2}\right) \cdot \Delta X_2 = 9\,M - (2\,M + 4) \times 2 = 5\,M - 8$$

Iteración 2

Paso 1. Calcule los costes reducidos de las variables no básicas.

$$w = C_B \cdot B_2^{-1} = C_B \cdot E_1 = \begin{pmatrix} -4 & M \end{pmatrix} \cdot E_1 = \begin{pmatrix} -2 - M & M \end{pmatrix}$$

$$Z_j - C_j = w \cdot N - C_N$$

$$Z_j - C_j = \begin{pmatrix} -2 - M & M \end{pmatrix} \cdot \begin{bmatrix} 3 & 1 & 0 \\ 1 & 0 & -1 \end{bmatrix} - \begin{pmatrix} -6 & 0 & 0 \end{pmatrix} = \begin{pmatrix} -2\,M & -2 - M & -M \end{pmatrix}$$

Paso 2. Determine la variable que debe entrar en la base con el objetivo de mejorar la solución actual.

Dado que una de las variables básicas es la variable artificial A_1 y que ninguno de los costes reducidos es positivo, el modelo no tiene solución factible. Ninguna variable puede entrar en la base y mejorar la solución actual.

Ejercicio 2

Resuelva la red de flujo con coste mínimo de la figura, usando como base inicial las variables X_{12}, X_{23} y X_{34}. Siendo los costes unitarios C_{12}=3, C_{13}=1, C_{23}=2, C_{34}=6, C_{41}=1.

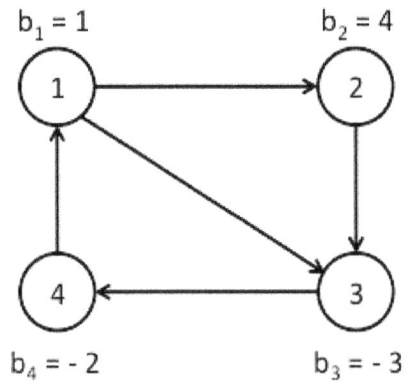

Solución

Solución inicial

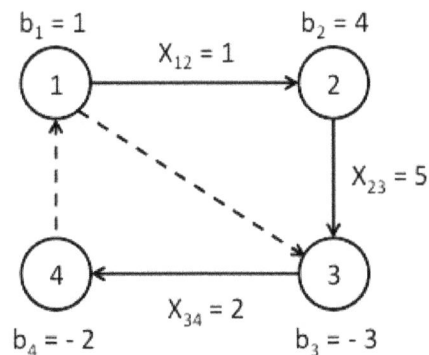

Iteración 1

Paso 1. Calcule las variables duales.

$$w_4 = 0$$

$$w_3 - w_4 = 6$$

$$w_3 = 6$$

$$w_2 - w_3 = 2 \quad \Rightarrow$$

$$w_2 = 8$$

$$w_1 - w_2 = 3$$

$$w_1 = 11$$

Paso 2. Calcule los costes reducidos de las variables no básicas.

$$Z_{13} - C_{13} = w_1 - w_3 - C_{13} = 11 - 6 - 1 = 4$$

$$Z_{41} - C_{41} = w_4 - w_1 - C_{41} = 0 - 11 - 1 = -12$$

Paso 3. Determine la variable que debe entrar en la base con el objetivo de mejorar la solución actual.

Entra en la base X_{13} ya que tiene el coste reducido positivo, y de todos los positivos el mayor.

Paso 4. Determine la variable que debe salir de la base.

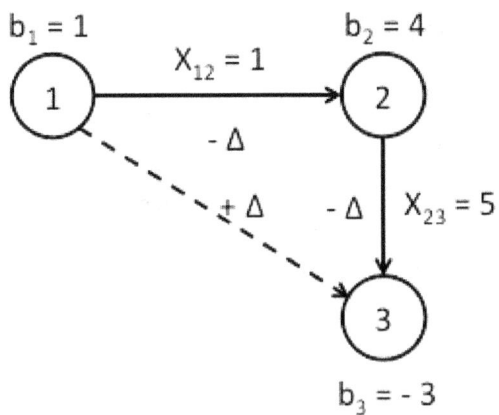

$$\text{Mín}\{1 \qquad 5\}=1 \quad \rightarrow \quad \text{Sale } X_{12}$$

Paso 5. Evalúe la nueva solución.

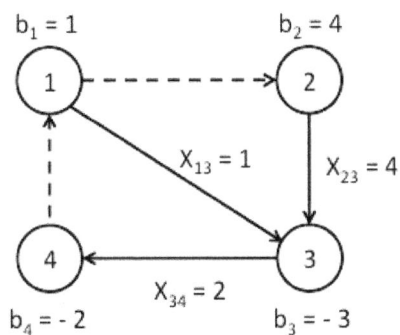

Iteración 2

Paso 1. Calcule las variables duales.

$$w_3 - w_4 = 6$$

$$w_2 - w_3 = 2 \quad \Rightarrow$$

$$w_1 - w_3 = 1$$

$$w_4 = 0$$

$$w_3 = 6$$

$$w_2 = 8$$

$$w_1 = 7$$

Paso 2. Calcule los costes reducidos de las variables no básicas.

$$Z_{12} - C_{12} = w_1 - w_2 - C_{12} = 7 - 8 - 3 = -4$$

$$Z_{41} - C_{41} = w_4 - w_1 - C_{41} = 0 - 7 - 1 = -8$$

Paso 3. Determine la variable que debe entrar en la base con el objetivo de mejorar la solución actual.

Ninguna de las variables no básicas puede entrar en la base y mejorar la solución actual dado que sus costes reducidos son negativos. La solución hallada es óptima.

Ejercicio 3

Los recursos necesarios para la fabricación de los productos P1 y P2 se recogen en la tabla siguiente.

	P1		P2	
Proceso	1	2	3	4
Componente A	600	500	400	300
Componente B	300	400	800	1000
Horas	50	75	50	80

La disponibilidad diaria de los componentes A y B asciende a 8.000 y 7.000 unidades, respectivamente. Siendo 800 las horas hombre disponibles diariamente. El beneficio de cada unidad producida depende del proceso de fabricación empleado, así cada unidad de P1 producida en el proceso 1 obtiene un beneficio de 15 euros, mientras que si utiliza para su fabricación el proceso 2 el beneficio es de 20 euros cada unidad. Lo propio sucede con el producto P2, alcanzándose un beneficio unitario de 30 y 25 euros respectivamente, según adopte el proceso 3 o el proceso 4 para su fabricación. Determine la cantidad a producir de cada producto en cada uno de los proceso de manera que optimice el beneficio.

Solución

Paso 1. Formule el modelo que le permita obtener el máximo beneficio.

$$\text{Máx } \{15\ X_{P1,1} + 20\ X_{P1,2} + 30\ X_{P2,3} + 25\ X_{P2,4}\}$$

Componente A $\rightarrow$ $600\ X_{P1,1} + 500\ X_{P1,2} + 400\ X_{P2,3} + 300\ X_{P2,4} \leq 8000$

Componente B $\rightarrow$ $300\ X_{P1,1} + 400\ X_{P1,2} + 800\ X_{P2,3} + 1000\ X_{P2,4} \leq 7000$

Horas $\rightarrow$ $50\ X_{P1,1} + 75\ X_{P1,2} + 50\ X_{P2,3} + 80\ X_{P2,4} \leq 800$

$$X_{i,j} \geq 0$$

Donde $X_{i,j}$ indica el número de unidades de producto i (P1 ó P2) producidas en el proceso j (1, 2, 3 ó 4).

Paso 2. Resuelva el modelo.

Mediante la aplicación de cualquier software de programación lineal se llega a la solución óptima que muestra la tabla siguiente.

	Z	$X_{P1,1}$	$X_{P1,2}$	$X_{P2,3}$	$X_{P2,4}$	S_1	S_2	S_3	
Z	1	0	0	0	13,5	0,002	0,03	0,08	304,3
$X_{P1,1}$	0	1	0	0	- 1,1	0,004	0	- 0,0	8,85
$X_{P2,3}$	0	0	0	1	1,14	0	0,002	- 0,0	4,57
$X_{P1,2}$	0	0	1	0	1,07	- 0,0	- 0,0	0,03	1,71

La solución óptima consiste en producir 8,85 unidades del producto P1 en el proceso 1 y 1,71 en el proceso 2, así mismo, del producto P2 debe fabricar 4,57 unidades en el proceso 3, siendo el beneficio esperado de 304,3 euros.

Ejercicio 4

Dado un problema de transporte con dos nodos de oferta y tres de demanda. La oferta de los nodos es de 25 y 20 unidades respectivamente, y la demanda 15, 20 y 10 unidades. Los costes unitarios de transporte $C_{11}=13$, $C_{12}=9$, $C_{13}=15$, $C_{21}=8$, $C_{22}=7$ y $C_{23}=9$. Teniendo en cuenta que la capacidad de los arcos 13 y 21 está limitada a 5 unidades cada uno, halle la solución óptima de coste mínimo.

Solución

El problema de transporte a resolver es el siguiente:

$$\text{Min} \left\{13\, X_{11} + 9\, X_{12} + 15\, X_{13} + 8\, X_{21} + 7\, X_{22} + 9\, X_{23}\right\}$$

$$X_{11} + X_{12} + X_{13} = 25$$

$$X_{21} + X_{22} + X_{23} = 20$$

$$X_{11} + X_{21} = 15$$

$$X_{12} + X_{22} = 20$$

$$X_{13} + X_{23} = 10$$

$$X_{13} \leq 5 \qquad\qquad X_{21} \leq 5 \qquad\qquad X_{ij} \geq 0$$

Solución inicial

	$D_1 = 15$	$D_2 = 20$	$D_3 = 10$
$O_1 = 25$	13 ⌐ 15	9 ⌐ 10	15 ⌐
$O_2 = 20$	8 ⌐	7 ⌐ 10	9 ⌐ 10

$$Z = (15 \times 13) + (10 \times 9) + (10 \times 7) + (10 \times 9) = 445$$

Iteración 1

Paso 1. Calcule las variables duales.

$$u_1 = 0$$
$$u_1 + v_1 = 13$$
$$v_1 = 13$$
$$u_1 + v_2 = 9$$
$$\Rightarrow \quad v_2 = 9$$
$$u_2 + v_2 = 7$$
$$u_2 = -2$$
$$u_2 + v_3 = 9$$
$$v_3 = 11$$

Paso 2. Calcule los costes reducidos de las variables no básicas.

$$Z_{13} - C_{13} = u_1 + v_3 - C_{13} = 0 + 11 - 15 = -4$$

$$Z_{21} - C_{21} = u_2 + v_1 - C_{21} = -2 + 13 - 8 = 3$$

Paso 3. Determine la variable que debe entrar en la base con el objetivo de mejorar la solución actual.

Entra en la base X_{21} ya que tiene el coste reducido positivo, y de todos los positivos el mayor.

Paso 4. Determine la variable que debe salir de la base.

	$D_1 = 15$	$D_2 = 20$	$D_3 = 10$
$O_1 = 25$	13	9	15
	- ┌ ─ ─ ─ ┐ +		
$O_2 = 20$	8	7	9
	X_{21} └ ─ ─ ─ ┘ -		

$$\text{Mín}\{5-0 \quad 10 \quad 15\}=5 \quad \rightarrow \quad \text{Sale } X_{21} \text{ a cota superior}$$

Paso 5. Evalúe la nueva solución.

	$D_1 = 15$	$D_2 = 20$	$D_3 = 10$
$O_1 = 25$	13	9	15
	10	15	
$O_2 = 20$	8	7	9
	$X_{21} = 5$	5	10

$$Z=(10 \times 13)+(15 \times 9)+(5 \times 7)+(10 \times 9)+(5 \times 8)=430$$

Iteración 2

Paso 1. Calcule las variables duales.

$$u_1 = 0$$

$$u_1 + v_1 = 13$$

$$v_1 = 13$$

$$u_1 + v_2 = 9$$

$$\Rightarrow \quad v_2 = 9$$

$$u_2 + v_2 = 7$$

$$u_2 = -2$$

$$u_2 + v_3 = 9$$

$$v_3 = 11$$

Paso 2. Calcule los costes reducidos de las variables no básicas.

$$Z_{13} - C_{13} = u_1 + v_3 - C_{13} = 0 + 11 - 15 = -4$$

$$Z_{21} - C_{21} = u_2 + v_1 - C_{21} = -2 + 13 - 8 = 3$$

Paso 3. Determine la variable que debe entrar en la base con el objetivo de mejorar la solución actual.

Al tratarse de un problema de mínimo entran en la base variables a cota inferior cuyo coste reducido sea positivo. Dado que la única variable cuyo coste reducido es positivo está a cota superior, ninguna variable puede entrar en la base. La solución hallada es óptima.

Ejercicio 5

Resuelva la red de flujo con coste mínimo de la figura usando el método de las dos fases. Siendo los costes unitarios $C_{12}=3$, $C_{13}=1$, $C_{23}=2$, $C_{34}=6$, $C_{41}=1$.

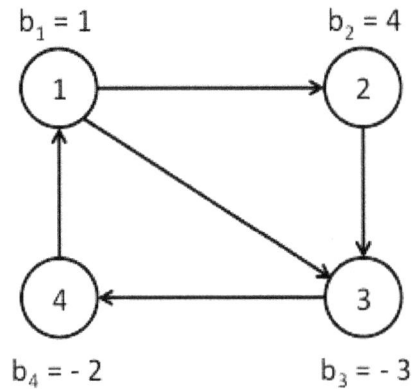

Solución

FASE 1

Solución inicial mediante variables artificiales

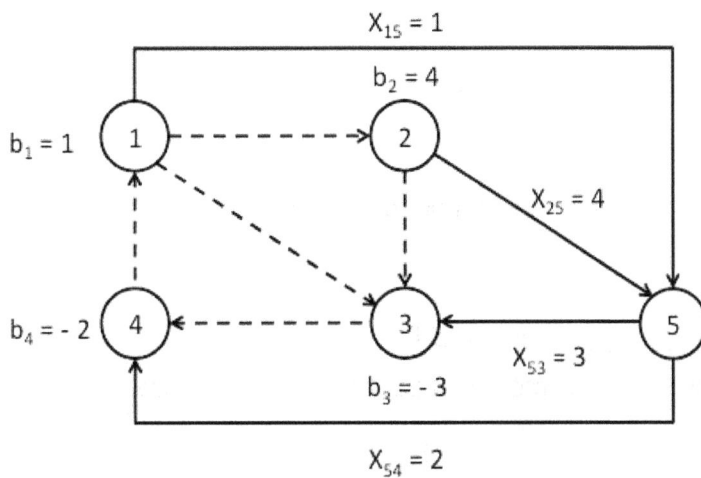

Iteración 1

Paso 1. Calcule las variables duales.

$$w_5 = 0$$

$$w_1 - w_5 = 1$$

$$w_1 = 1$$

$$w_2 - w_5 = 1$$

$$\Rightarrow \quad w_2 = 1$$

$$w_5 - w_3 = 1$$

$$w_3 = -1$$

$$w_5 - w_4 = 1$$

$$w_4 = -1$$

Paso 2. Calcule los costes reducidos de las variables no básicas.

$$Z_{12} - C_{12} = w_1 - w_2 - C_{12} = 1 - 1 - 0 = 0$$

$$Z_{13} - C_{13} = w_1 - w_3 - C_{13} = 1 - (-1) - 0 = 2$$

$$Z_{23} - C_{23} = w_2 - w_3 - C_{23} = 1 - (-1) - 0 = 2$$

$$Z_{34} - C_{34} = w_3 - w_4 - C_{34} = (-1) - (-1) - 0 = 0$$

$$Z_{41} - C_{41} = w_4 - w_1 - C_{41} = (-1) - 1 - 0 = -2$$

Paso 3. Determine la variable que debe entrar en la base con el objetivo de mejorar la solución actual.

Indistintamente puede entrar en la base X_{13} y X_{23} ya que ambas tienen el coste reducido positivo y del mismo valor. Se ha elegido X_{13} para entrar en la base.

Paso 4. Determine la variable que debe salir de la base.

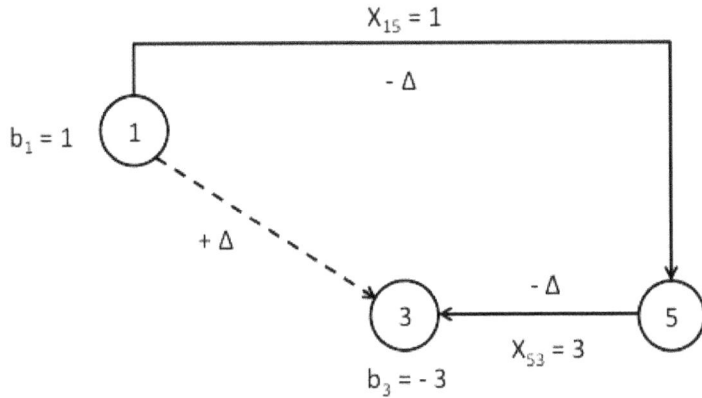

$$\text{Mín}\{1 \quad 3\}=1 \quad \rightarrow \quad \text{Sale } X_{15}$$

Paso 5. Evalúe la nueva solución.

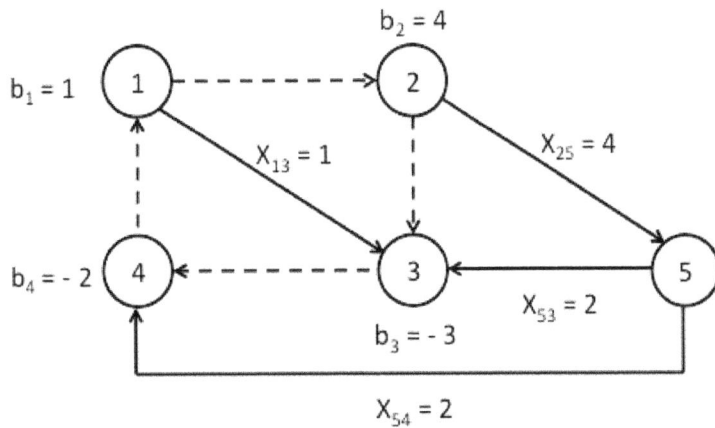

Iteración 2

Paso 1. Calcule las variables duales.

$$w_5 = 0$$

$$w_1 - w_3 = 0$$

$$w_1 = -1$$

$$w_2 - w_5 = 1$$

$$\Rightarrow \quad w_2 = 1$$

$$w_5 - w_3 = 1$$

$$w_3 = -1$$

$$w_5 - w_4 = 1$$

$$w_4 = -1$$

Paso 2. Calcule los costes reducidos de las variables no básicas.

$$Z_{12} - C_{12} = w_1 - w_2 - C_{12} = (-1) - 1 - 0 = -2$$

$$Z_{23} - C_{23} = w_2 - w_3 - C_{23} = 1 - (-1) - 0 = 2$$

$$Z_{34} - C_{34} = w_3 - w_4 - C_{34} = (-1) - (-1) - 0 = 0$$

$$Z_{41} - C_{41} = w_4 - w_1 - C_{41} = (-1) - (-1) - 0 = 0$$

Paso 3. Determine la variable que debe entrar en la base con el objetivo de mejorar la solución actual.

Entra en la base X_{23} ya que tiene el coste reducido positivo, y de todos los positivos el mayor.

Paso 4. Determine la variable que debe salir de la base.

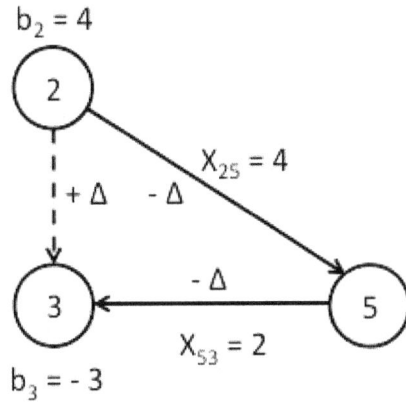

$$\text{Mín}\{2 \quad 4\} = 2 \quad \rightarrow \quad \text{Sale } X_{53}$$

Paso 5. Evalúe la nueva solución.

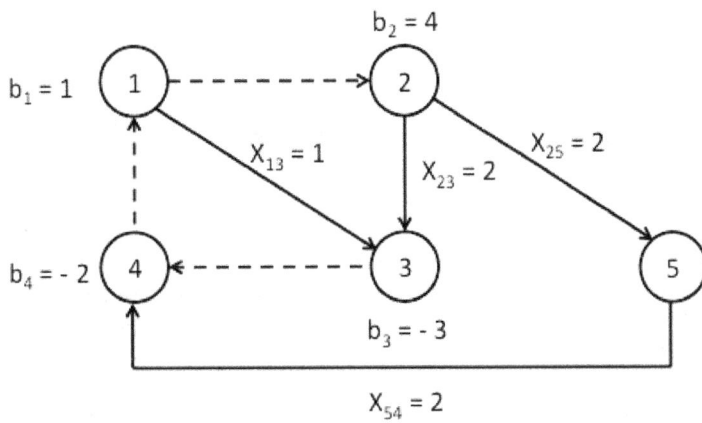

Iteración 3

Paso 1. Calcule las variables duales.

$$w_1 - w_3 = 0$$

$$w_2 - w_3 = 0$$

$$\Rightarrow$$

$$w_2 - w_5 = 1$$

$$w_5 - w_4 = 1$$

$$w_5 = 0$$

$$w_1 = 1$$

$$w_2 = 1$$

$$w_3 = 1$$

$$w_4 = -1$$

Paso 2. Calcule los costes reducidos de las variables no básicas.

$$Z_{12} - C_{12} = w_1 - w_2 - C_{12} = 1 - 1 - 0 = 0$$

$$Z_{34} - C_{34} = w_3 - w_4 - C_{34} = 1 - (-1) - 0 = 2$$

$$Z_{41} - C_{41} = w_4 - w_1 - C_{41} = (-1) - 1 - 0 = -2$$

Paso 3. Determine la variable que debe entrar en la base con el objetivo de mejorar la solución actual.

Entra en la base X_{34} ya que tiene el coste reducido positivo, y de todos los positivos el mayor.

Paso 4. Determine la variable que debe salir de la base.

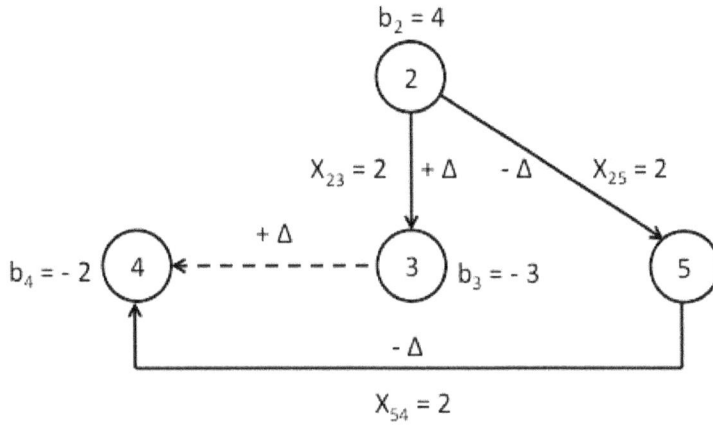

$$\text{Mín}\{2 \quad 2\} = 2 \quad \rightarrow \quad \text{Sale } X_{54}$$

Paso 5. Evalúe la nueva solución.

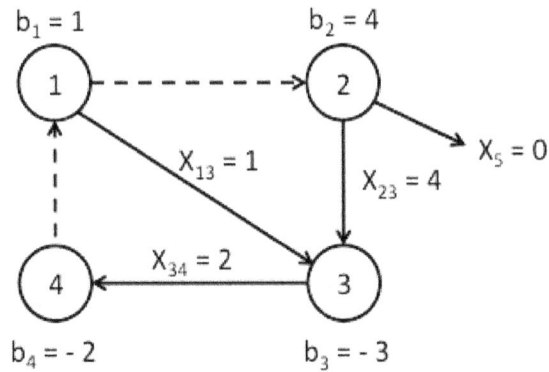

FASE 2

Iteración 1

Paso 1. Calcule las variables duales.

$$w_1 - w_3 = 1$$
$$w_2 - w_3 = 2 \implies$$
$$w_3 - w_4 = 6$$

$$w_2 = 0$$
$$w_1 = -1$$
$$w_3 = -2$$
$$w_4 = -8$$

Paso 2. Calcule los costes reducidos de las variables no básicas.

$$Z_{12} - C_{12} = w_1 - w_2 - C_{12} = (-1) - 0 - 3 = -4$$

$$Z_{41} - C_{41} = w_4 - w_1 - C_{41} = (-8) - (-1) - 1 = -8$$

Paso 3. Determine la variable que debe entrar en la base con el objetivo de mejorar la solución actual.

Ninguna de las variables no básicas puede entrar en la base y mejorar la solución actual dado que sus costes reducidos son negativos. La solución hallada es óptima.

Ejercicio 6

Una empresa dispone de 100.000 euros para invertir en dos tipos de activos, bonos a corto plazo y letras del tesoro. La rentabilidad estimada para los bonos es del 2%, mientras que para las letras del tesoro es del 1%. Se impone la condición que la cantidad invertida en bonos no sea superior a dos veces la cantidad invertida en letras del tesoro. Para determinar el plan de inversiones óptimo se plantea el siguiente programa lineal:

$$\text{Max} \left\{ 0,02\, X_1 + 0,01\, X_2 \right\}$$

$$1\, X_1 + 1\, X_2 \leq 100.000$$

$$1\, X_1 - 2\, X_2 \leq 0$$

$$X_1 \geq 0 \qquad X_2 \geq 0$$

Donde X_1 es la cantidad invertida en bonos a corto plazo y X_2 la cantidad invertida en letras del tesoro. Resuelto el programa lineal mediante el algoritmo simplex se obtiene la tabla siguiente, donde S_1 y S_2 son las variables de holgura de la primera y segunda restricción.

	Z	X_1	X_2	S_1	S_2	
Z	1	0	0	0,05/3	0,01/3	1.666,67
X_2	0	0	1	1/3	- 1/3	33.333,3
X_1	0	1	0	2/3	1/3	66.666,7

1. Determine los cambios que se producen en la solución óptima si el beneficio estimado de los bonos es del 0,5%.

2. Determine los cambios que se producen en la solución óptima si dispone de 200.000 euros para invertir en lugar de 100.000.

3. Determine los cambios que se producen en la solución óptima si en lugar de imponer que X_1 no sea superior a dos veces X_2, se impone que X_1 no sea superior a tres veces X_2.

4. Calcule el beneficio adicional por unidad monetaria que obtendría en caso de disponer de un euro más de los 100.000 iniciales.

5. Evalúe el cambio que se produce en la solución óptima si impone la condición de que la cantidad invertida en letras del tesoro sea como máximo de 25.000 euros.

Solución

1. Determine los cambios que se producen en la solución óptima si el beneficio estimado de los bonos es del 0,5%.

$$C_{X_1} = 0,005\,\%$$

$$Z_j - C_j = C_B \cdot B^{-1} \cdot N - C_N$$

$$Z_j - C_j = (0,01 \quad 0,005) \cdot \begin{bmatrix} 1/3 & -1/3 \\ 2/3 & 1/3 \end{bmatrix} - (0 \quad 0) = \left(\frac{0,02}{3} \quad -\frac{0,005}{3} \right)$$

$$Z = C_B \cdot X_B - C_N \cdot X_B = (0,01 \quad 0,005) \cdot \begin{pmatrix} 33.333,3 \\ 66.666,7 \end{pmatrix} - (0 \quad 0) = 666,67$$

	Z	X_1	X_2	S_1	S_2	
Z	1	0	0	0,02/3	- 0,005/3	666,67
X_2	0	0	1	1/3	- 1/3	33.333,3
X_1	0	1	0	2/3	1/3	66.666,7

Entra en la base S_2 ya que tiene el coste reducido negativo, y de todos los negativos el mayor. Sale de la base:

$$\text{Min}\left\{\frac{B^{-1} \cdot b}{B^{-1} \cdot A_{S_2}}, B^{-1} \cdot A_{S_2} > 0\right\} = \text{Min}\left\{-, \frac{66.667}{1/3}\right\} = 200.000 \quad \rightarrow \quad X_1$$

	Z	X_1	X_2	S_1	S_2	
Z	1	0,005	0	0,01	0	1.000
X_2	0	1	1	1	0	100.000
S_2	0	3	0	2	1	200.000

Ninguna de las variables no básicas puede entrar en la base y mejorar la solución actual dado que sus costes reducidos son positivos. La solución hallada es óptima. En la nueva solución óptima no se invierte en bonos a corto plazo al haberse reducido considerablemente su rentabilidad. Toda la inversión se formaliza en letras del tesoro.

2. **Determine los cambios que se producen en la solución óptima si dispone de 200.000 euros para invertir en lugar de 100.000.**

Se modifica el término independiente. El nuevo término independiente es:

$$b = \begin{pmatrix} 200.000 \\ 0 \end{pmatrix}$$

El término independiente afecta al valor de las variables básicas y por tanto al valor de la función objetivo. Los nuevos valores son:

$$X_B = B^{-1} \cdot b = \begin{bmatrix} 1/3 & -1/3 \\ 2/3 & 1/3 \end{bmatrix} \cdot \begin{pmatrix} 200.000 \\ 0 \end{pmatrix} = \begin{pmatrix} 66.667 \\ 133.333 \end{pmatrix} = \begin{pmatrix} X_2 \\ X_1 \end{pmatrix}$$

$$Z = C_B \cdot X_B - C_N \cdot X_B = \begin{pmatrix} 0,01 & 0,02 \end{pmatrix} \cdot \begin{pmatrix} 66.667 \\ 133.333 \end{pmatrix} - \begin{pmatrix} 0 & 0 \end{pmatrix} = 3.333,33$$

El beneficio se duplica al doblar la inversión.

3. **Determine los cambios que se producen en la solución óptima si en lugar de imponer que X_1 no sea superior a dos veces X_2, se impone que X_1 no sea superior a tres veces X_2.**

Modifica los coeficientes tecnológicos de la variable X_2. Los nuevos coeficientes son:

$$A_{X_2} = \begin{pmatrix} 1 \\ -3 \end{pmatrix}$$

Dicho coeficiente afecta a $B^{-1} \cdot A_{X_2}$ y al coste reducido de la variable.

$$B^{-1} \cdot A_{X_2} = \begin{bmatrix} 1/3 & -1/3 \\ 2/3 & 1/3 \end{bmatrix} \cdot \begin{pmatrix} 1 \\ -3 \end{pmatrix} = \begin{pmatrix} 4/3 \\ -1/3 \end{pmatrix}$$

$$Z_{X_2} - C_{X_2} = C_B \cdot B^{-1} \cdot A_{X_2} - C_{X_2} = (0,01 \quad 0,02) \cdot \begin{pmatrix} 4/3 \\ -1/3 \end{pmatrix} - 0,01 = -\frac{0,01}{3}$$

	Z	X_1	X_2	S_1	S_2	
Z	1	0	- 0,01/3	0,05/3	0,01/3	1.666,67
X_2	0	0	4/3	1/3	- 1/3	33.333,3
X_1	0	1	- 1/3	2/3	1/3	66.666,7

Pivotando en X_2 para reconstruir la base, resulta:

	Z	X_1	X_2	S_1	S_2	
Z	1	0	0	0,07/4	0,01/4	1.750
X_2	0	0	1	1/4	- 1/4	25.000
X_1	0	1	0	3/4	1/4	75.000

Ninguna de las variables no básicas puede entrar en la base y mejorar la solución actual dado que sus costes reducidos son positivos. La solución hallada es óptima. En este caso se invierte menos en letras del tesoro y más en bonos a corto plazo dado que la restricción lo permite y los bonos proporcionan una rentabilidad mayor que las letras, con ello se consigue incrementar el beneficio en 1.750 - 1.666,67 = 83,33 euros.

4. **Calcule el beneficio adicional por unidad monetaria que obtendría en caso de disponer de un euro más de los 100.000 iniciales.**

$$Z = C_B \cdot X_B - C_N \cdot X_B = C_B \cdot B^{-1} \cdot b \quad \Rightarrow \quad \frac{dZ}{db_j} = C_B \cdot B^{-1} = w_j$$

$$\frac{dZ}{db_1} = w_1 = \frac{0,05}{3} = 0,01667 \text{ euros}$$

Cada euro adicional disponible para ser invertido supone un incremento del beneficio de 0,01667 euros.

5. **Evalúe el cambio que se produce en la solución óptima si impone la condición de que la cantidad invertida en letras del tesoro sea como máximo de 25.000 euros.**

$$X_2 \leq 25.000$$

	Z	X_1	X_2	S_1	S_2	S_3	
Z	1	0	0	0,05/3	0,01/3	0	1.666,67
X_2	0	0	1	1/3	- 1/3	0	33.333,3
X_1	0	1	0	2/3	1/3	0	66.666,7
S_3	0	0	1	0	0	1	25.000

Pivotando en X_2 para reconstruir la base, resulta:

	Z	X_1	X_2	S_1	S_2	S_3	
Z	1	0	0	0,05/3	0,01/3	0	1.666,67
X_2	0	0	1	1/3	- 1/3	0	33.333,3
X_1	0	1	0	2/3	1/3	0	66.666,7
S_3	0	0	0	- 1/3	1/3	1	- 8.333,3

La solución resultante si bien es óptima dado que todos los costes reducidos son positivos y el problema es de maximización, no es factible dado que no cumple con la condición de no negatividad de las variables. Para reconstruir la factibilidad debe aplicar el método simplex dual.

Iteración 1

Sale de la base S_3 ya que su valor es negativo (no es factible). Entra de la base:

$$\text{Min} \left\{ \frac{Z_j - C_j}{A_{S_3, j}} , A_{S_3, j} < 0 \right\} = \text{Min} \left\{ \frac{0,05/3}{1/3} , - \right\} = 0,05 \quad \rightarrow \quad S_1$$

	Z	X_1	X_2	S_1	S_2	S_3	
Z	1	0	0	0	0,02	0,05	1.250
X_2	0	0	1	0	0	1	25.000
X_1	0	1	0	0	1	2	50.000
S_1	0	0	0	1	- 1	- 3	25.000

Ninguna de las variables no básicas puede entrar en la base y mejorar la solución actual dado que sus costes reducidos son positivos. La solución hallada es óptima. En este caso se invierte menos en letras del tesoro y en bonos a corto plazo dado la limitación, lo que da lugar a un decremento del beneficio con respecto al óptimo de 1.666,67 - 1.250 = 416,67 euros.

Ejercicio 7

Halle la solución óptima del siguiente programa lineal mediante el método simplex, partiendo de una solución inicial en la que las variables básicas son, en este mismo orden S_1 (Holgura de la primera restricción), S_2 (Holgura de la segunda restricción) y X_1.

$$\text{Max} \left\{ 15\,X_1 + 13\,X_2 + 12\,X_3 \right\}$$

$$2\,X_1 + 3\,X_2 + 4\,X_3 \leq 20$$

$$2\,X_1 + 1\,X_2 + 2\,X_3 \leq 15$$

$$8\,X_1 + 4\,X_2 + 8\,X_3 \geq 4$$

$$X_1 \geq 0 \qquad X_2 \geq 0 \qquad X_3 \geq 0$$

Solución

Solución inicial

$$B = \begin{bmatrix} 1 & 0 & 2 \\ 0 & 1 & 2 \\ 0 & 0 & 8 \end{bmatrix} \quad \Rightarrow \quad B^{-1} = \begin{bmatrix} 1 & 0 & -2/8 \\ 0 & 1 & -2/8 \\ 0 & 0 & 1/8 \end{bmatrix}$$

$$X_B = B^{-1} \cdot b = \begin{bmatrix} 1 & 0 & -2/8 \\ 0 & 1 & -2/8 \\ 0 & 0 & 1/8 \end{bmatrix} \begin{bmatrix} 20 \\ 15 \\ 4 \end{bmatrix} = \begin{bmatrix} 19 \\ 14 \\ 1/2 \end{bmatrix} = \begin{bmatrix} S_1 \\ S_2 \\ X_1 \end{bmatrix}$$

$$X_N = \begin{bmatrix} 0 \\ 0 \\ 0 \end{bmatrix} = \begin{bmatrix} X_2 \\ X_3 \\ E_1 \end{bmatrix}$$

$$Z = C_B \cdot X_B + C_N \cdot X_N = \begin{bmatrix} 0 & 0 & 15 \end{bmatrix} \cdot \begin{bmatrix} 19 \\ 14 \\ 1/2 \end{bmatrix} + \begin{bmatrix} 13 & 12 & 0 \end{bmatrix} \cdot \begin{bmatrix} 0 \\ 0 \\ 0 \end{bmatrix} = 15/2$$

Iteración 1

Paso 1. Calcule los costes reducidos de las variables no básicas.

$$B^{-1} \cdot N = \begin{bmatrix} 1 & 0 & -2/8 \\ 0 & 1 & -2/8 \\ 0 & 0 & 1/8 \end{bmatrix} \cdot \begin{bmatrix} 3 & 4 & 0 \\ 1 & 2 & 0 \\ 4 & 8 & -1 \end{bmatrix} = \begin{bmatrix} 2 & 2 & 2/8 \\ 0 & 0 & 2/8 \\ 4/8 & 1 & -1/8 \end{bmatrix}$$

$$Z_j - C_j = C_B \cdot B^{-1} \cdot N - C_N$$

$$Z_j - C_j = \begin{pmatrix} 0 & 0 & 15 \end{pmatrix} \cdot \begin{bmatrix} 2 & 2 & 2/8 \\ 0 & 0 & 2/8 \\ 4/8 & 1 & -1/8 \end{bmatrix} - \begin{pmatrix} 13 & 12 & 0 \end{pmatrix} = \begin{pmatrix} -44/8 & 3 & -15/8 \end{pmatrix}$$

Paso 2. Determine la variable que debe entrar en la base con el objetivo de mejorar la solución actual.

Entra en la base X_2 ya que tiene el coste reducido negativo, y de todos los negativos el mayor.

Paso 3. Determine la variable que debe salir de la base.

$$\text{Min}\left\{\frac{B^{-1}\cdot b}{B^{-1}\cdot A_{X_2}}, B^{-1}\cdot A_{X_2} > 0\right\} = \text{Min}\left\{\frac{19}{2}, -, \frac{1/2}{4/8}\right\} = \frac{1/2}{4/8} \rightarrow X_1$$

Paso 4. Evalúe la nueva solución.

$$B = \begin{bmatrix} 1 & 0 & 3 \\ 0 & 1 & 1 \\ 0 & 0 & 4 \end{bmatrix} \qquad \Rightarrow \qquad B^{-1} = \begin{bmatrix} 1 & 0 & -3/4 \\ 0 & 1 & -1/4 \\ 0 & 0 & 1/4 \end{bmatrix}$$

$$X_B = B^{-1}\cdot b = \begin{bmatrix} 1 & 0 & -3/4 \\ 0 & 1 & -1/4 \\ 0 & 0 & 1/4 \end{bmatrix} \cdot \begin{bmatrix} 20 \\ 15 \\ 4 \end{bmatrix} = \begin{bmatrix} 17 \\ 14 \\ 1 \end{bmatrix} = \begin{bmatrix} S_1 \\ S_2 \\ X_2 \end{bmatrix}$$

$$X_N = \begin{bmatrix} 0 \\ 0 \\ 0 \end{bmatrix} = \begin{bmatrix} X_1 \\ X_3 \\ E_1 \end{bmatrix}$$

$$Z = C_B \cdot X_B + C_N \cdot X_N = \begin{bmatrix} 0 & 0 & 13 \end{bmatrix} \cdot \begin{bmatrix} 17 \\ 14 \\ 1 \end{bmatrix} + \begin{bmatrix} 15 & 12 & 0 \end{bmatrix} \cdot \begin{bmatrix} 0 \\ 0 \\ 0 \end{bmatrix} = 13$$

Iteración 2

Paso 1. Calcule los costes reducidos de las variables no básicas.

$$Z_j - C_j = C_B \cdot B^{-1} \cdot N - C_N$$

$$B^{-1} \cdot N = \begin{bmatrix} 1 & 0 & -3/4 \\ 0 & 1 & -1/4 \\ 0 & 0 & 1/4 \end{bmatrix} \cdot \begin{bmatrix} 2 & 4 & 0 \\ 2 & 2 & 0 \\ 8 & 8 & -1 \end{bmatrix} = \begin{bmatrix} -4 & -2 & 3/4 \\ 0 & 0 & 1/4 \\ 2 & 2 & -1/4 \end{bmatrix}$$

$$Z_j - C_j = \begin{pmatrix} 0 & 0 & 13 \end{pmatrix} \cdot \begin{bmatrix} -4 & -2 & 3/4 \\ 0 & 0 & 1/4 \\ 2 & 2 & -1/4 \end{bmatrix} - \begin{pmatrix} 15 & 12 & 0 \end{pmatrix} = \begin{pmatrix} 11 & 14 & -13/4 \end{pmatrix}$$

Paso 2. Determine la variable que debe entrar en la base con el objetivo de mejorar la solución actual.

Entra en la base E_1 ya que tiene el coste reducido negativo, y de todos los negativos el mayor.

Paso 3. Determine la variable que debe salir de la base.

$$\text{Min} \left\{ \frac{B^{-1} \cdot b}{B^{-1} \cdot A_{E_1}}, B^{-1} \cdot A_{E_1} > 0 \right\} = \text{Min} \left\{ \frac{17}{3/4}, \frac{14}{1/4}, - \right\} = \frac{17}{3/4} \quad \rightarrow \quad S_1$$

Paso 4. Evalúe la nueva solución.

$$B = \begin{bmatrix} 0 & 0 & 3 \\ 0 & 1 & 1 \\ -1 & 0 & 4 \end{bmatrix} \quad \Rightarrow \quad B^{-1} = \begin{bmatrix} 4/3 & 0 & -1 \\ -1/3 & 1 & 0 \\ 1/3 & 0 & 0 \end{bmatrix}$$

$$X_B = B^{-1} \cdot b = \begin{bmatrix} 4/3 & 0 & -1 \\ -1/3 & 1 & 0 \\ 1/3 & 0 & 0 \end{bmatrix} \cdot \begin{bmatrix} 20 \\ 15 \\ 4 \end{bmatrix} = \begin{bmatrix} 68/3 \\ 25/3 \\ 20/3 \end{bmatrix} = \begin{bmatrix} E_1 \\ S_2 \\ X_2 \end{bmatrix}$$

$$X_N = \begin{bmatrix} 0 \\ 0 \\ 0 \end{bmatrix} = \begin{bmatrix} X_1 \\ X_3 \\ S_1 \end{bmatrix}$$

$$Z = C_B \cdot X_B + C_N \cdot X_N = \begin{bmatrix} 0 & 0 & 13 \end{bmatrix} \cdot \begin{bmatrix} 68/3 \\ 25/3 \\ 20/3 \end{bmatrix} + \begin{bmatrix} 15 & 12 & 0 \end{bmatrix} \cdot \begin{bmatrix} 0 \\ 0 \\ 0 \end{bmatrix} = 260/3$$

Iteración 3

Paso 1. Calcule los costes reducidos de las variables no básicas.

$$B^{-1} \cdot N = \begin{bmatrix} 4/3 & 0 & -1 \\ -1/3 & 1 & 0 \\ 1/3 & 0 & 0 \end{bmatrix} \cdot \begin{bmatrix} 2 & 4 & 1 \\ 2 & 2 & 0 \\ 8 & 8 & 0 \end{bmatrix} = \begin{bmatrix} -16/3 & -8/3 & 4/3 \\ 4/3 & 2/3 & -1/3 \\ 2/3 & 4/3 & 1/3 \end{bmatrix}$$

$$Z_j - C_j = C_B \cdot B^{-1} \cdot N - C_N$$

$$Z_j - C_j = \begin{pmatrix} 0 & 0 & 13 \end{pmatrix} \cdot \begin{bmatrix} -16/3 & -8/3 & 4/3 \\ 4/3 & 2/3 & -1/3 \\ 2/3 & 4/3 & 1/3 \end{bmatrix} - \begin{pmatrix} 15 & 12 & 0 \end{pmatrix}$$

$$Z_j - C_j = \begin{pmatrix} -19/3 & 16/3 & 13/3 \end{pmatrix}$$

Paso 2. Determine la variable que debe entrar en la base con el objetivo de mejorar la solución actual.

Entra en la base X_1 ya que tiene el coste reducido negativo, y de todos los negativos el mayor.

Paso 3. Determine la variable que debe salir de la base.

$$\text{Min} \left\{ \frac{B^{-1} \cdot b}{B^{-1} \cdot A_{X_1}}, B^{-1} \cdot A_{X_1} > 0 \right\} = \text{Min} \left\{ -, \frac{25/3}{4/3}, \frac{20/3}{2/3} \right\} = \frac{25/3}{4/3} \quad \rightarrow \quad S_2$$

Paso 4. Evalúe la nueva solución.

$$B = \begin{bmatrix} 0 & 2 & 3 \\ 0 & 2 & 1 \\ -1 & 8 & 4 \end{bmatrix} \quad \Rightarrow \quad B^{-1} = \begin{bmatrix} 0 & 4 & -1 \\ -1/4 & 3/4 & 0 \\ 2/4 & -2/4 & 0 \end{bmatrix}$$

$$X_B = B^{-1} \cdot b = \begin{bmatrix} 0 & 4 & -1 \\ -1/4 & 3/4 & 0 \\ 2/4 & -2/4 & 0 \end{bmatrix} \cdot \begin{bmatrix} 20 \\ 15 \\ 4 \end{bmatrix} = \begin{bmatrix} 56 \\ 25/4 \\ 10/4 \end{bmatrix} = \begin{bmatrix} E_1 \\ X_1 \\ X_2 \end{bmatrix}$$

$$X_N = \begin{bmatrix} 0 \\ 0 \\ 0 \end{bmatrix} = \begin{bmatrix} X_3 \\ S_1 \\ S_2 \end{bmatrix}$$

$$Z = C_B \cdot X_B + C_N \cdot X_N = \begin{bmatrix} 0 & 15 & 13 \end{bmatrix} \cdot \begin{bmatrix} 56 \\ 25/4 \\ 10/4 \end{bmatrix} + \begin{bmatrix} 12 & 0 & 0 \end{bmatrix} \cdot \begin{bmatrix} 0 \\ 0 \\ 0 \end{bmatrix} = 505/4$$

Iteración 4

Paso 1. Calcule los costes reducidos de las variables no básicas.

$$B^{-1} \cdot N = \begin{bmatrix} 0 & 4 & -1 \\ -1/4 & 3/4 & 0 \\ 2/4 & -2/4 & 0 \end{bmatrix} \cdot \begin{bmatrix} 4 & 1 & 0 \\ 2 & 0 & 1 \\ 8 & 0 & 0 \end{bmatrix} = \begin{bmatrix} 0 & 0 & 4 \\ 2/4 & -1/4 & 3/4 \\ 1 & 2/4 & -2/4 \end{bmatrix}$$

$$Z_j - C_j = C_B \cdot B^{-1} \cdot N - C_N$$

$$Z_j - C_j = \begin{pmatrix} 0 & 15 & 13 \end{pmatrix} \cdot \begin{bmatrix} 0 & 0 & 4 \\ 2/4 & -1/4 & 3/4 \\ 1 & 2/4 & -2/4 \end{bmatrix} - \begin{pmatrix} 12 & 0 & 0 \end{pmatrix}$$

$$Z_j - C_j = \begin{pmatrix} 34/4 & 11/4 & 19/4 \end{pmatrix}$$

Paso 2. Determine la variable que debe entrar en la base con el objetivo de mejorar la solución actual.

Los costes reducidos de las variables no básicas son positivos, luego ninguna variable no básica puede entrar en la base y mejorar la solución. La solución hallada es óptima.

Ejercicio 8

Resuelva la red de flujo con coste mínimo de la figura usando el método de las dos fases. Siendo los costes unitarios $C_{12}=3$, $C_{13}=4$, $C_{23}=2$, $C_{34}=1$, $C_{35}=5$, $C_{41}=1$, $C_{45}=2$, $C_{52}=3$.

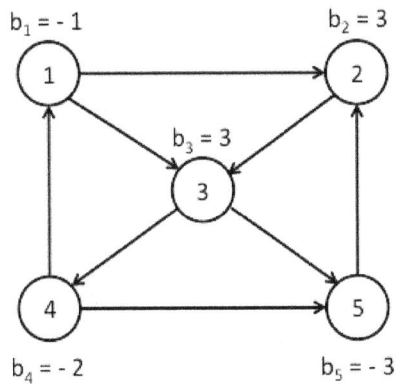

Solución

FASE 1

Solución inicial mediante variables artificiales

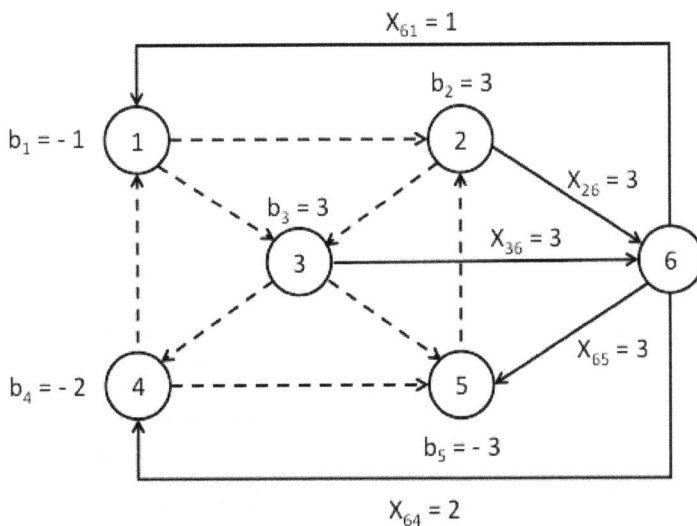

Iteración 1

Paso 1. Calcule las variables duales.

$$w_6 = 0$$

$$w_6 - w_1 = 1$$

$$w_1 = -1$$

$$w_2 - w_6 = 1$$

$$w_2 = 1$$

$$w_3 - w_6 = 1 \quad \Rightarrow$$

$$w_3 = 1$$

$$w_6 - w_5 = 1$$

$$w_4 = -1$$

$$w_6 - w_4 = 1$$

$$w_5 = -1$$

Paso 2. Calcule los costes reducidos de las variables no básicas.

$$Z_{12} - C_{12} = w_1 - w_2 - C_{12} = (-1) - 1 - 0 = -2$$

$$Z_{13} - C_{13} = w_1 - w_3 - C_{13} = (-1) - 1 - 0 = -2$$

$$Z_{23} - C_{23} = w_2 - w_3 - C_{23} = 1 - 1 - 0 = 0$$

$$Z_{34} - C_{34} = w_3 - w_4 - C_{34} = 1 - (-1) - 0 = 2$$

$$Z_{35} - C_{35} = w_3 - w_5 - C_{35} = 1 - (-1) - 0 = 2$$

$$Z_{41} - C_{41} = w_4 - w_1 - C_{41} = (-1) - (-1) - 0 = 0$$

$$Z_{45} - C_{45} = w_4 - w_5 - C_{45} = (-1) - (-1) - 0 = 0$$

$$Z_{52} - C_{52} = w_5 - w_2 - C_{52} = (-1) - 1 - 0 = -2$$

Paso 3. Determine la variable que debe entrar en la base con el objetivo de mejorar la solución actual.

Indistintamente puede entrar en la base X_{34} y X_{35} ya que ambas tienen el coste reducido positivo y del mismo valor. Se ha elegido X_{34} para entrar en la base.

Paso 4. Determine la variable que debe salir de la base.

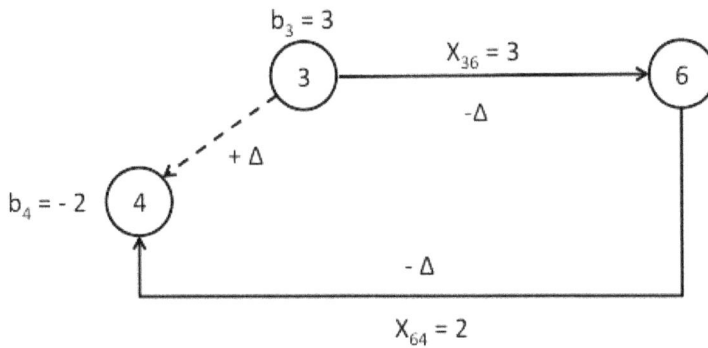

$$\text{Mín}\{2 \quad 3\} = 2 \quad \rightarrow \quad \text{Sale } X_{64}$$

Paso 5. Evalúe la nueva solución.

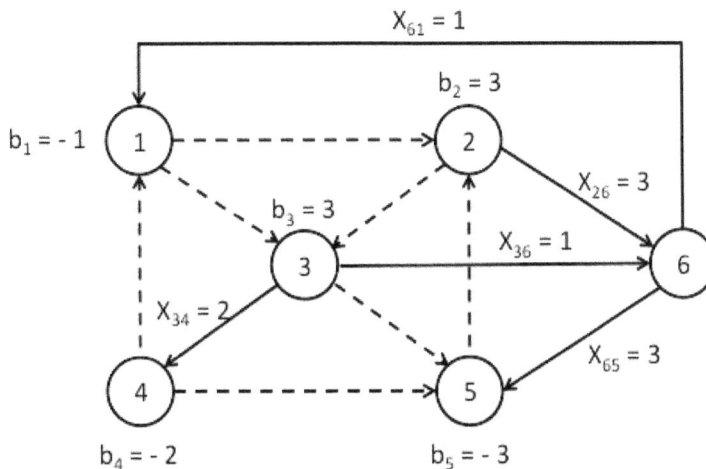

Iteración 2

Paso 1. Calcule las variables duales.

$$w_6 = 0$$

$$w_6 - w_1 = 1$$

$$w_1 = -1$$

$$w_2 - w_6 = 1$$

$$w_2 = 1$$

$$w_3 - w_4 = 0 \qquad \Rightarrow$$

$$w_3 = 1$$

$$w_3 - w_6 = 1$$

$$w_4 = 1$$

$$w_6 - w_5 = 1$$

$$w_5 = -1$$

Paso 2. Calcule los costes reducidos de las variables no básicas.

$$Z_{12} - C_{12} = w_1 - w_2 - C_{12} = (-1) - 1 - 0 = -2$$

$$Z_{13} - C_{13} = w_1 - w_3 - C_{13} = (-1) - 1 - 0 = -2$$

$$Z_{23} - C_{23} = w_2 - w_3 - C_{23} = 1 - 1 - 0 = 0$$

$$Z_{35} - C_{35} = w_3 - w_5 - C_{35} = 1 - (-1) - 0 = 2$$

$$Z_{41} - C_{41} = w_4 - w_1 - C_{41} = 1 - (-1) - 0 = 2$$

$$Z_{45} - C_{45} = w_4 - w_5 - C_{45} = 1 - (-1) - 0 = 2$$

$$Z_{52} - C_{52} = w_5 - w_2 - C_{52} = (-1) - 1 - 0 = -2$$

Paso 3. Determine la variable que debe entrar en la base con el objetivo de mejorar la solución actual.

Indistintamente puede entrar en la base X_{35}, X_{41} y X_{45} ya que todas ellas tienen el coste reducido positivo y del mismo valor. Se ha elegido X_{45} para entrar en la base.

Paso 4. Determine la variable que debe salir de la base.

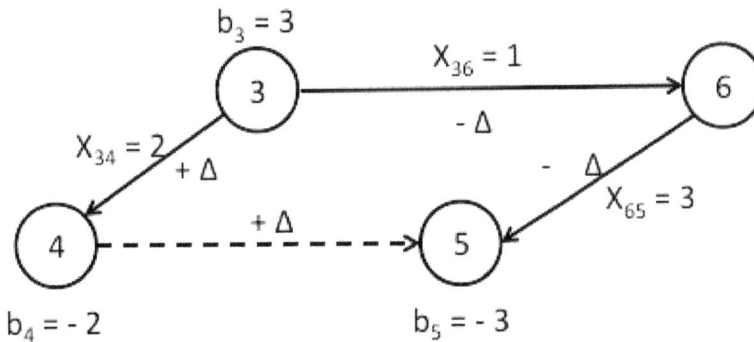

$$\text{Mín}\{3 \quad 1\}=1 \quad \rightarrow \quad \text{Sale } X_{36}$$

Paso 5. Evalúe la nueva solución.

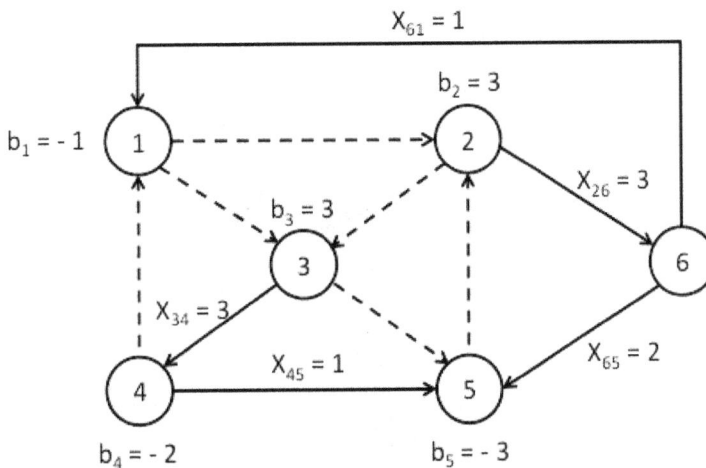

Iteración 3

Paso 1. Calcule las variables duales.

$$w_6 - w_1 = 1$$

$$w_2 - w_6 = 1$$

$$w_3 - w_4 = 0 \qquad \Rightarrow$$

$$w_4 - w_5 = 0$$

$$w_6 - w_5 = 1$$

$$w_6 = 0$$

$$w_1 = -1$$

$$w_2 = 1$$

$$w_3 = -1$$

$$w_4 = -1$$

$$w_5 = -1$$

Paso 2. Calcule los costes reducidos de las variables no básicas.

$$Z_{12} - C_{12} = w_1 - w_2 - C_{12} = (-1) - 1 - 0 = -2$$

$$Z_{13} - C_{13} = w_1 - w_3 - C_{13} = (-1) - (-1) - 0 = 0$$

$$Z_{23} - C_{23} = w_2 - w_3 - C_{23} = 1 - (-1) - 0 = 2$$

$$Z_{35} - C_{35} = w_3 - w_5 - C_{35} = (-1) - (-1) - 0 = 0$$

$$Z_{41} - C_{41} = w_4 - w_1 - C_{41} = (-1) - (-1) - 0 = 0$$

$$Z_{52} - C_{52} = w_5 - w_2 - C_{52} = (-1) - 1 - 0 = -2$$

Paso 3. Determine la variable que debe entrar en la base con el objetivo de mejorar la solución actual.

Entra en la base X_{23} ya que tiene el coste reducido positivo, y de todos los positivos el mayor.

Paso 4. Determine la variable que debe salir de la base.

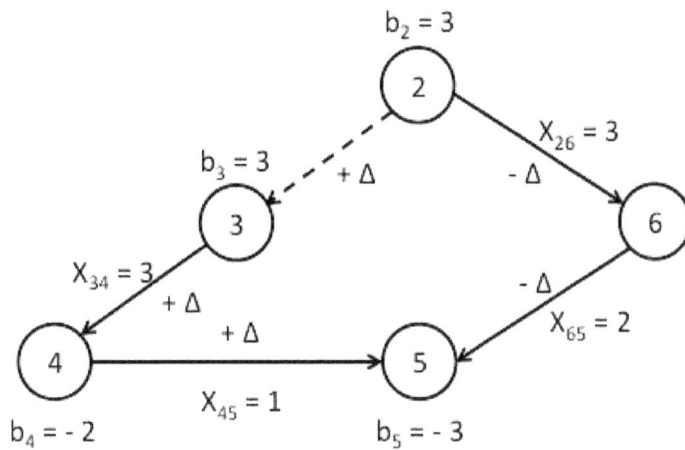

$$\text{Mín}\{2 \quad 3\}=2 \quad \rightarrow \quad \text{Sale } X_{65}$$

Paso 5. Evalúe la nueva solución.

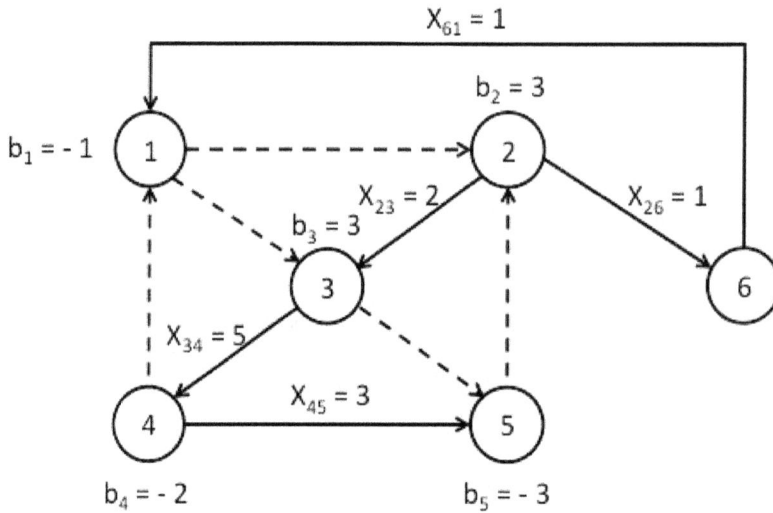

Iteración 4

Paso 1. Calcule las variables duales.

$$w_6 = 0$$

$$w_6 - w_1 = 1$$

$$w_1 = -1$$

$$w_2 - w_3 = 0$$

$$w_2 = 1$$

$$w_2 - w_6 = 1 \qquad \Rightarrow$$

$$w_3 = 1$$

$$w_3 - w_4 = 0$$

$$w_4 = 1$$

$$w_4 - w_5 = 0$$

$$w_5 = 1$$

Paso 2. Calcule los costes reducidos de las variables no básicas.

$$Z_{12} - C_{12} = w_1 - w_2 - C_{12} = (-1) - 1 - 0 = -2$$

$$Z_{13} - C_{13} = w_1 - w_3 - C_{13} = (-1) - 1 - 0 = -2$$

$$Z_{35} - C_{35} = w_3 - w_5 - C_{35} = 1 - 1 - 0 = 0$$

$$Z_{41} - C_{41} = w_4 - w_1 - C_{41} = 1 - (-1) - 0 = 2$$

$$Z_{52} - C_{52} = w_5 - w_2 - C_{52} = 1 - 1 - 0 = 0$$

Paso 3. Determine la variable que debe entrar en la base con el objetivo de mejorar la solución actual.

Entra en la base X_{41} ya que tiene el coste reducido positivo, y de todos los positivos el mayor.

Paso 4. Determine la variable que debe salir de la base.

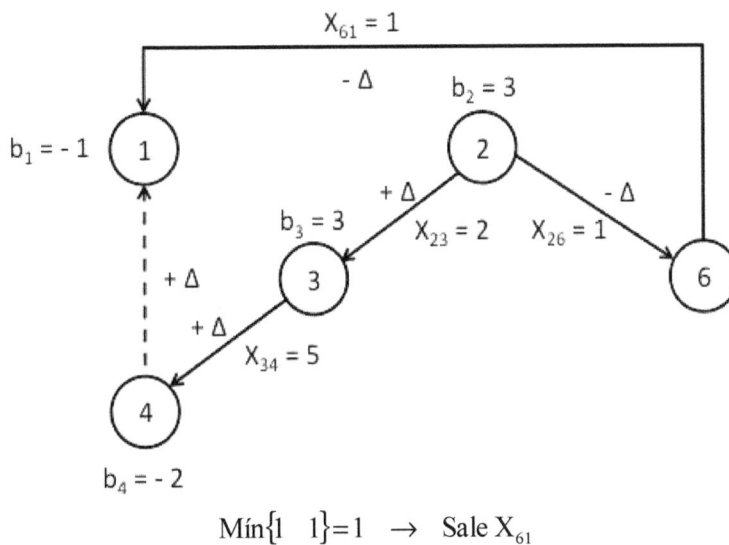

$$\text{Mín}\{1 \quad 1\} = 1 \quad \rightarrow \quad \text{Sale } X_{61}$$

Paso 5. Evalúe la nueva solución.

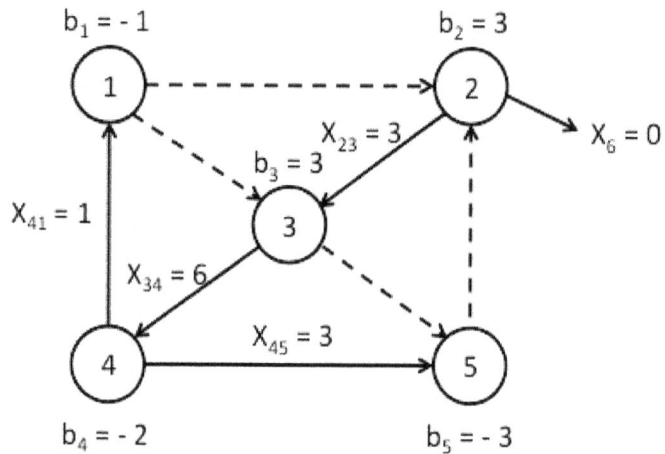

FASE 2

Iteración 1

Paso 1. Calcule las variables duales.

$$w_2 - w_3 = 2$$

$$w_3 - w_4 = 1$$

$$w_4 - w_1 = 1 \qquad \Rightarrow$$

$$w_4 - w_5 = 2$$

$$w_2 = 0$$

$$w_1 = -4$$

$$w_3 = -2$$

$$w_4 = -3$$

$$w_5 = -5$$

Paso 2. Calcule los costes reducidos de las variables no básicas.

$$Z_{12} - C_{12} = w_1 - w_2 - C_{12} = (-4) - 0 - 3 = -7$$

$$Z_{13} - C_{13} = w_1 - w_3 - C_{13} = (-4) - (-2) - 4 = -6$$

$$Z_{35} - C_{35} = w_3 - w_5 - C_{35} = (-2) - (-5) - 5 = -2$$

$$Z_{52} - C_{52} = w_5 - w_2 - C_{52} = (-5) - 0 - 3 = -8$$

Paso 3. Determine la variable que debe entrar en la base con el objetivo de mejorar la solución actual.

Ninguna de las variables no básicas puede entrar en la base y mejorar la solución actual dado que sus costes reducidos son negativos. La solución hallada es óptima.

Ejercicio 9

Una empresa dispone de 4 horas como máximo para realizar un programa de TV con espacios musicales, entrevistas, tertulias, publicidad y *reality show* incluido. El programa no puede durar menos de 2 horas, siendo la eficiencia publicitaria proporcional a la duración total del programa. Los productores del programa requieren que la duración de la parte musical no sea inferior a 1 hora. Los costes en euros por minuto se recogen en la tabla siguiente.

Realización de la parte				Alquiler de los estudios de grabación
Musical	Entrevistas	Tertulias	*Reality*	
60	20	30	100	100

El presupuesto disponible para llevar a cabo el programa es como máximo de 30.000 euros. Indique como debe distribuirse el tiempo del programa entre cada una de las partes con el objetivo de lograr una eficiencia publicitaria máxima.

Solución

Paso 1. Formule el modelo que le permita obtener el máximo beneficio.

$$\text{Máx}\left\{X_1 + X_2 + X_3 + X_4 + X_5\right\}$$

Duración de la parte musical $\quad\rightarrow\quad X_1 \geq 60$

Duración del programa $\quad\rightarrow\quad X_1 + X_2 + X_3 + X_4 + X_5 \geq 120$

Duración del programa $\quad\rightarrow\quad X_1 + X_2 + X_3 + X_4 + X_5 \leq 240$

Presupuesto
$$60 \cdot X_1 + 20 \cdot X_2 + 30 \cdot X_3 + 100 \cdot X_4 + 100 \cdot \left(X_1 + X_2 + X_3 + X_4 + X_5\right) \leq 30000$$

$$X_i \geq 0$$

Donde X_i indica la duración en minutos de la parte i (1 musical, 2 entrevistas, 3 tertulias, 4 *reality* y 5 publicidad).

Paso 2. Resuelva el modelo.

Mediante la aplicación de cualquier software de programación lineal se alcanza la solución óptima que muestra la tabla.

	Z	X_1	X_2	X_3	X_4	X_5	E_1	E_2	S_3	S_4	
Z	1	0	0	0	0	0	0	0	1	0	240
X_1	0	1	0	0	0	0	- 1	0	0	0	60
X_2	0	0	1	1,5	5	0	3	0	- 5	0,05	120
X_5	0	0	0	- 0,5	- 4	1	- 2	0	6	- 0,05	60
E_2	0	0	0	0	0	0	0	1	1	0	120

La solución óptima pasa por 1 hora de música, 2 horas de entrevistas y 1 hora de publicidad, alcanzándose la eficiencia publicitaria máxima de 4 horas de programación.

La solución óptima presenta soluciones múltiples, hay varias variables no básicas (X_3, X_4, E_1, y S_4) cuyo coste reducido es nulo, lo que les permite entrar a formar parte de la base sin alterar el valor de la función objetivo. Las soluciones alternativas que pueden obtenerse se muestran a continuación.

$X_1 = 60$ $X_3 = 80$ $X_5 = 100$ $E_2 = 120$ $Z = 240$

$X_1 = 60$ $X_4 = 24$ $X_5 = 156$ $E_2 = 120$ $Z = 240$

$X_1 = 100$ $X_5 = 140$ $E_1 = 40$ $E_2 = 120$ $Z = 240$

$X_1 = 60$ $X_5 = 180$ $E_2 = 120$ $S_4 = 2400$ $Z = 240$

Ejercicio 10

Resuelva el siguiente programa lineal utilizando la técnica del simplex en su forma producto de la inversa, es decir, llevando la inversa de la base en cada iteración en la forma de producto de matrices elementales.

$$\text{Mín} \left\{ -2\,X_1 - 3\,X_2 \right\}$$

$$2\,X_1 + 3\,X_2 \leq 4$$

$$-2\,X_1 + 1\,X_2 \leq 1$$

$$X_1\,,\,X_2 \geq 0$$

Solución

Incorporando al modelo las variables de holgura, exceso y artificiales que corresponda, con la finalidad de expresar el modelo en formato estándar, resulta:

$$\text{Mín} \left\{ -2\,X_1 - 3\,X_2 \right\}$$

$$2\,X_1 + 3\,X_2 + 1\,S_1 = 4$$

$$-2\,X_1 + 1\,X_2 + 1\,S_2 = 1$$

$$X_1\,,\,X_2\,,\,S_1\,,\,S_2 \geq 0$$

Solución inicial

$$X_B = B_1^{-1} \cdot b = \begin{bmatrix} 1 & 0 \\ 0 & 1 \end{bmatrix} \cdot \begin{bmatrix} 4 \\ 1 \end{bmatrix} = \begin{bmatrix} 4 \\ 1 \end{bmatrix} = \begin{bmatrix} S_1 \\ S_2 \end{bmatrix}$$

$$X_N = \begin{bmatrix} 0 \\ 0 \end{bmatrix} = \begin{bmatrix} X_1 \\ X_2 \end{bmatrix}$$

$$Z = C_B \cdot X_B + C_N \cdot X_N = \begin{bmatrix} 0 & 0 \end{bmatrix} \cdot \begin{bmatrix} 4 \\ 1 \end{bmatrix} + \begin{bmatrix} -2 & -3 \end{bmatrix} \cdot \begin{bmatrix} 0 \\ 0 \end{bmatrix} = 0$$

Iteración 1

Paso 1. Calcule los costes reducidos de las variables no básicas.

$$w = C_B \cdot B_1^{-1} = C_B \cdot I = C_B = \begin{pmatrix} 0 & 0 \end{pmatrix}$$

$$Z_j - C_j = w \cdot N - C_N = \begin{pmatrix} 0 & 0 \end{pmatrix} \cdot \begin{bmatrix} 2 & 3 \\ -2 & 1 \end{bmatrix} - \begin{pmatrix} -2 & -3 \end{pmatrix} = \begin{pmatrix} 2 & 3 \end{pmatrix}$$

Paso 2. Determine la variable que debe entrar en la base con el objetivo de mejorar la solución actual.

Entra en la base X_2 ya que tiene el coste reducido positivo, y de todos los positivos el mayor.

Paso 3. Determine la variable que debe salir de la base.

$$\text{Min}\left\{\frac{B_1^{-1} \cdot b}{B_1^{-1} \cdot A_{X_2}} \quad \left(B_1^{-1} \cdot A_{X_2}\right) > 0\right\} = \text{Min}\left\{\frac{4}{3}, \frac{1}{1}\right\} = 1 \quad \rightarrow \quad S_2$$

Paso 4. Evalúe la nueva solución.

$$r = 2 \qquad k = 2 \qquad \begin{bmatrix} -\dfrac{B_1^{-1} \cdot A_{12}}{B_1^{-1} \cdot A_{22}} \\[4mm] \dfrac{1}{B_1^{-1} \cdot A_{22}} \end{bmatrix} = \begin{bmatrix} -3 \\ 1 \end{bmatrix}$$

$$X_B = B_2^{-1} \cdot b = E_1 \cdot b = E_1 \cdot \begin{bmatrix} 4 \\ 1 \end{bmatrix} = \begin{bmatrix} 4 \\ 0 \end{bmatrix} + 1 \cdot \begin{bmatrix} -3 \\ 1 \end{bmatrix} = \begin{bmatrix} 1 \\ 1 \end{bmatrix} = \begin{bmatrix} S_1 \\ X_2 \end{bmatrix}$$

$$X_N = \begin{bmatrix} 0 \\ 0 \end{bmatrix} = \begin{bmatrix} X_1 \\ S_2 \end{bmatrix}$$

$$Z = C_B \cdot X_B + C_N \cdot X_N = \begin{pmatrix} 0 & -3 \end{pmatrix} \cdot \begin{bmatrix} 1 \\ 1 \end{bmatrix} + \begin{pmatrix} -2 & 0 \end{pmatrix} \cdot \begin{bmatrix} 0 \\ 0 \end{bmatrix} = -3$$

Iteración 2

Paso 1. Calcule los costes reducidos de las variables no básicas.

$$(0 \quad -3)\cdot \begin{bmatrix} -3 \\ 1 \end{bmatrix} = -3$$

$$w = C_B \cdot B_2^{-1} = C_B \cdot E_1 = (0 \quad -3)\cdot E_1 = (0 \quad -3)$$

$$Z_j - C_j = w \cdot N - C_N = (0 \quad -3)\cdot \begin{bmatrix} 2 & 0 \\ -2 & 1 \end{bmatrix} - (-2 \quad 0) = (8 \quad -3)$$

Paso 2. Determine la variable que debe entrar en la base con el objetivo de mejorar la solución actual.

Entra en la base X_1 ya que tiene el coste reducido positivo, y de todos los positivos el mayor.

Paso 3. Determine la variable que debe salir de la base.

$$B_2^{-1} \cdot A_{X_1} = E_1 \cdot A_{X_1} = E_1 \cdot \begin{bmatrix} 2 \\ -2 \end{bmatrix} = \begin{bmatrix} 2 \\ 0 \end{bmatrix} - 2 \cdot \begin{bmatrix} -3 \\ 1 \end{bmatrix} = \begin{bmatrix} 8 \\ -2 \end{bmatrix}$$

$$\text{Min}\left\{ \frac{B_2^{-1} \cdot b}{B_2^{-1} \cdot A_{X_1}} \quad \left(B_2^{-1} \cdot A_{X_1}\right) > 0 \right\} = \text{Min}\left\{ \frac{1}{8}, - \right\} = \frac{1}{8} \quad \rightarrow \quad S_1$$

Paso 4. Evalúe la nueva solución.

$$r=1 \qquad k=1 \qquad \begin{bmatrix} \dfrac{1}{B_2^{-1} \cdot A_{11}} \\[2em] -\dfrac{B_2^{-1} \cdot A_{21}}{B_2^{-1} \cdot A_{11}} \end{bmatrix} = \begin{bmatrix} \dfrac{1}{8} \\[1em] \dfrac{2}{8} \end{bmatrix}$$

$$X_B = B_3^{-1} \cdot b = E_2 \cdot E_1 \cdot b = E_2 \cdot \begin{bmatrix} 1 \\ 1 \end{bmatrix} = \begin{bmatrix} 0 \\ 1 \end{bmatrix} + 1 \cdot \begin{bmatrix} 1/8 \\ 2/8 \end{bmatrix} = \begin{bmatrix} 1/8 \\ 10/8 \end{bmatrix} = \begin{bmatrix} X_1 \\ X_2 \end{bmatrix}$$

$$X_N = \begin{bmatrix} 0 \\ 0 \end{bmatrix} = \begin{bmatrix} S_1 \\ S_2 \end{bmatrix}$$

$$Z = C_B \cdot X_B + C_N \cdot X_N = (-2 \quad -3) \cdot \begin{bmatrix} 1/8 \\ 10/8 \end{bmatrix} + (0 \quad 0) \cdot \begin{bmatrix} 0 \\ 0 \end{bmatrix} = -4$$

$$E_2 = \begin{bmatrix} 1/8 & 0 \\ 1/4 & 1 \end{bmatrix}$$

Iteración 3

Paso 1. Calcule los costes reducidos de las variables no básicas.

$$(-2 \quad -3) \cdot \begin{bmatrix} 1/8 \\ 2/8 \end{bmatrix} = -1$$

$$w = C_B \cdot B_3^{-1} = C_B \cdot E_2 \cdot E_1 = (-2 \quad -3) \cdot E_2 \cdot E_1 = (-1 \quad -3) \cdot E_1$$

$$(-1 \quad -3) \cdot \begin{bmatrix} -3 \\ 1 \end{bmatrix} = 0$$

$$w = (-1 \quad -3) \cdot E_1 = (-1 \quad 0)$$

$$Z_j - C_j = w \cdot N - C_N = (-1 \quad 0) \cdot \begin{bmatrix} 1 & 0 \\ 0 & 1 \end{bmatrix} - (0 \quad 0) = (-1 \quad 0)$$

Paso 2. Determine la variable que debe entrar en la base con el objetivo de mejorar la solución actual.

Ninguna variable no básica tiene el coste reducido positivo, luego ninguna variable no básica puede entrar en la base y mejorar la solución actual. La solución hallada es óptima. Además dado que el coste reducido de la variable no básica S_2 es nulo, existen soluciones múltiples.

Ejercicio 11

Resuelva la red de flujo con coste mínimo de la figura mediante el método de las dos fases. Siendo los costes unitarios $C_{12}=3$, $C_{23}=2$, $C_{34}=6$, $C_{41}=1$ y $C_{42}=1$.

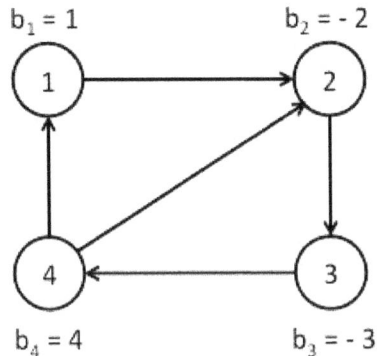

Solución

FASE 1

Solución inicial mediante variables artificiales

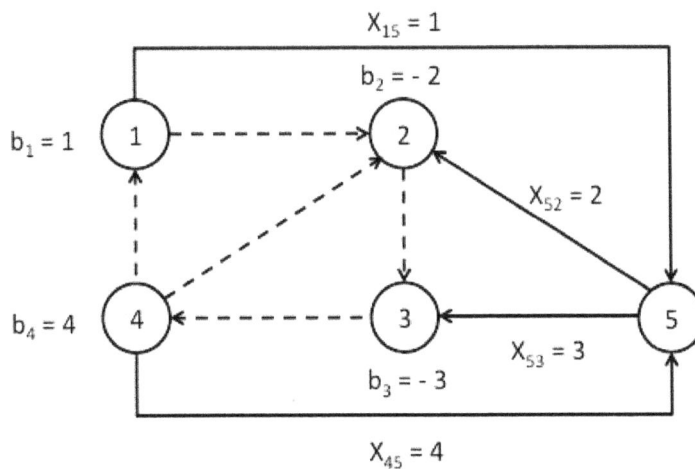

Iteración 1

Paso 1. Calcule las variables duales.

$$w_5 = 0$$

$$w_1 - w_5 = 1$$

$$w_1 = 1$$

$$w_4 - w_5 = 1$$

$$\Rightarrow \qquad w_2 = -1$$

$$w_5 - w_2 = 1$$

$$w_3 = -1$$

$$w_5 - w_3 = 1$$

$$w_4 = 1$$

Paso 2. Calcule los costes reducidos de las variables no básicas.

$$Z_{12} - C_{12} = w_1 - w_2 - C_{12} = 1 - (-1) - 0 = 2$$

$$Z_{23} - C_{23} = w_2 - w_3 - C_{23} = (-1) - (-1) - 0 = 0$$

$$Z_{34} - C_{34} = w_3 - w_4 - C_{34} = (-1) - 1 - 0 = -2$$

$$Z_{41} - C_{41} = w_4 - w_1 - C_{41} = 1 - 1 - 0 = 0$$

$$Z_{42} - C_{42} = w_4 - w_2 - C_{42} = 1 - (-1) - 0 = 2$$

Paso 3. Determine la variable que debe entrar en la base con el objetivo de mejorar la solución actual.

Indistintamente puede entrar en la base X_{12} y X_{42} ya que ambas tienen el coste reducido positivo y del mismo valor. Se ha elegido X_{12} para entrar en la base.

Paso 4. Determine la variable que debe salir de la base.

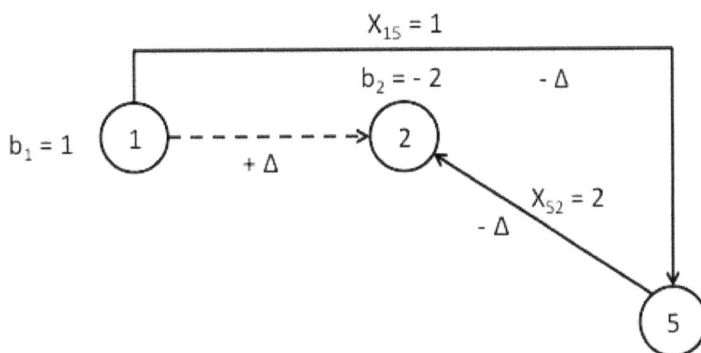

$$\text{Mín}\{1 \qquad 2\}=1 \quad \rightarrow \quad \text{Sale } X_{15}$$

Paso 5. Evalúe la nueva solución.

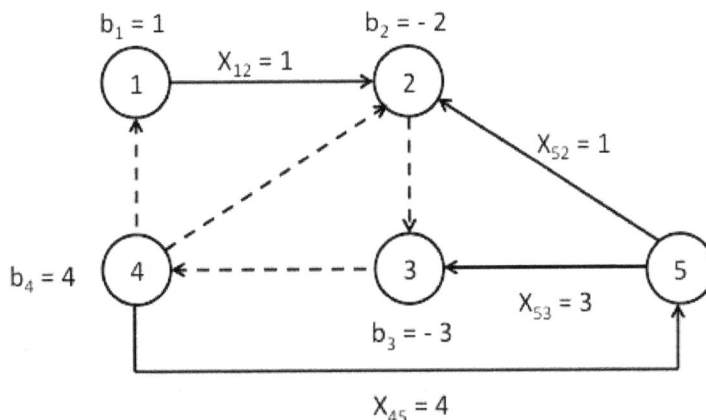

Iteración 2

Paso 1. Calcule las variables duales.

$$w_5 = 0$$

$$w_1 - w_2 = 0$$

$$w_1 = -1$$

$$w_4 - w_5 = 1$$

$$\Rightarrow \quad w_2 = -1$$

$$w_5 - w_2 = 1$$

$$w_3 = -1$$

$$w_5 - w_3 = 1$$

$$w_4 = 1$$

Paso 2. Calcule los costes reducidos de las variables no básicas.

$$Z_{23} - C_{23} = w_2 - w_3 - C_{23} = (-1) - (-1) - 0 = 0$$

$$Z_{34} - C_{34} = w_3 - w_4 - C_{34} = (-1) - (-1) - 0 = 0$$

$$Z_{41} - C_{41} = w_4 - w_1 - C_{41} = 1 - (-1) - 0 = 2$$

$$Z_{42} - C_{42} = w_4 - w_2 - C_{42} = 1 - (-1) - 0 = 2$$

Paso 3. Determine la variable que debe entrar en la base con el objetivo de mejorar la solución actual.

Indistintamente puede entrar en la base X_{41} y X_{42} ya que ambas tienen el coste reducido positivo y del mismo valor. Se ha elegido X_{42} para entrar en la base.

Paso 4. Determine la variable que debe salir de la base.

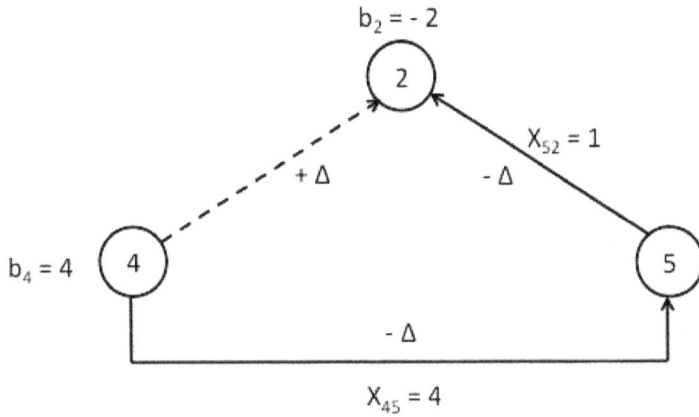

$$\text{Mín}\{1 \qquad 4\}=1 \quad \rightarrow \quad \text{Sale } X_{52}$$

Paso 5. Evalúe la nueva solución.

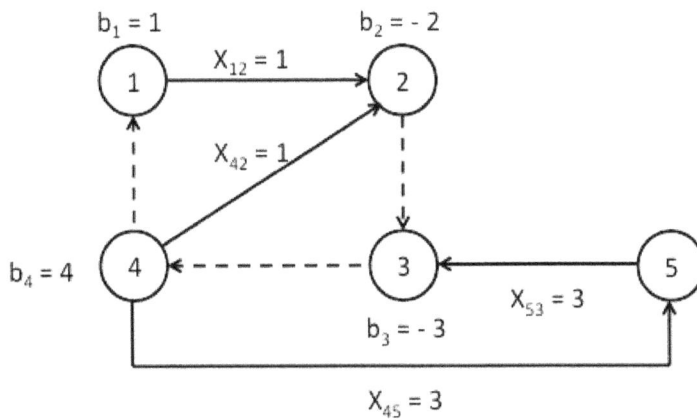

Iteración 3

Paso 1. Calcule las variables duales.

$$w_5 = 0$$

$$w_1 - w_2 = 0$$

$$w_1 = 1$$

$$w_4 - w_2 = 0$$

$$\Rightarrow \quad w_2 = 1$$

$$w_4 - w_5 = 1$$

$$w_3 = -1$$

$$w_5 - w_3 = 1$$

$$w_4 = 1$$

Paso 2. Calcule los costes reducidos de las variables no básicas.

$$Z_{23} - C_{23} = w_2 - w_3 - C_{23} = 1 - (-1) - 0 = 2$$

$$Z_{34} - C_{34} = w_3 - w_4 - C_{34} = (-1) - 1 - 0 = -2$$

$$Z_{41} - C_{41} = w_4 - w_1 - C_{41} = 1 - 1 - 0 = 0$$

Paso 3. Determine la variable que debe entrar en la base con el objetivo de mejorar la solución actual.

Entrar en la base X_{23} ya que tiene el mayor coste reducido positivo.

Paso 4. Determine la variable que debe salir de la base.

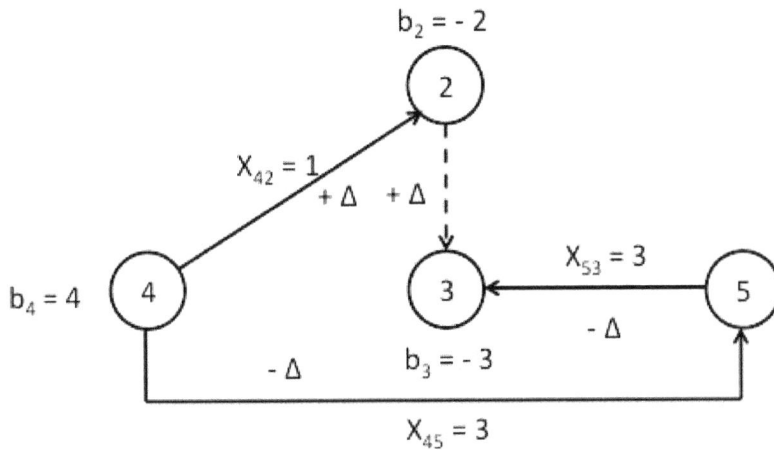

$$\text{Mín}\{3 \quad 3\}=3 \quad \rightarrow \quad \text{Sale } X_{45}$$

Paso 5. Evalúe la nueva solución.

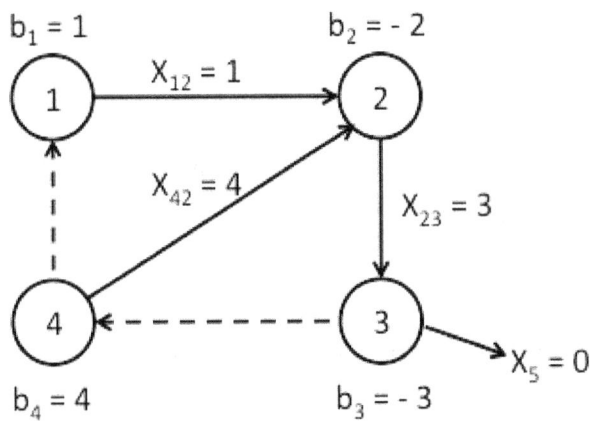

FASE 2

Iteración 1

Paso 1. Calcule las variables duales.

$$w_1 - w_2 = 3 \qquad w_3 = 0$$
$$w_1 = 5$$
$$w_2 - w_3 = 2 \quad \Rightarrow$$
$$w_2 = 2$$
$$w_4 - w_2 = 1$$
$$w_4 = 3$$

Paso 2. Calcule los costes reducidos de las variables no básicas.

$$Z_{34} - C_{34} = w_3 - w_4 - C_{34} = 0 - 3 - 6 = -9$$

$$Z_{41} - C_{41} = w_4 - w_1 - C_{41} = 3 - 5 - 1 = -3$$

Paso 3. Determine la variable que debe entrar en la base con el objetivo de mejorar la solución actual.

Ninguna de las variables no básicas puede entrar en la base y mejorar la solución actual dado que sus costes reducidos son negativos. La solución hallada es óptima.

Ejercicio 12

Una entidad financiera dispone de 100.000 millones, de ellos un 60% corresponde a depósitos exigibles a la vista, un 30% a depósitos a plazo y un 10% a capital. Estos recursos los puede distribuir entre los siguientes activos:

ACTIVOS		Rendimiento
	Caja	0%
Préstamos	Préstamos comerciales	7%
	Hipotecas vivienda	3%
	Hipotecas convencionales	5%
	Otros préstamos	9%
Inversiones	Bonos	4%
	Obligaciones	6%

La política del departamento de riesgos de la entidad, exige que:

- El total de préstamos no supere el 60% ni sea inferior al 40% de los activos totales.

- Las hipotecas convencionales no superen el 30% de los depósitos a plazo.

- Los préstamos comerciales no excedan el 40% ni sean inferiores al 30% del total de préstamos.

- Los otros préstamos no excedan al total de hipotecas.

- Las existencias de caja sean como mínimo el 40% de los depósitos exigibles a la vista.

- El total de activos exceptuando la caja, no supere cinco veces el capital.

1. Halle la distribución de los recursos de la entidad que maximice el rendimiento de la misma.

2. Indique como se modifica la solución óptima si la diferencia entre la caja más los bonos y los depósitos exigibles a la vista, debe ser inferior a 10.000 millones.

Solución

1. Halle la distribución de los recursos de la entidad que maximice el rendimiento de la misma.

Paso 1. Formule el modelo que le permita maximizar el número de piezas producidas en una jornada laboral.

$$\text{Máx}\left\{0 \cdot X_C + 0,07 \cdot X_{PC} + 0,03 \cdot X_{HV} + 0,05 \cdot X_{HC} + 0,09 \cdot X_{OP} + 0,04 \cdot X_B + 0,06 \cdot X_{OB}\right\}$$

$$X_{PC} + X_{HV} + X_{HC} + X_{OP} \leq 0,6 \times 100000$$

$$X_{PC} + X_{HV} + X_{HC} + X_{OP} \geq 0,4 \times 100000$$

$$X_{HC} \leq 0,3 \times 30000$$

$$X_{PC} \leq 0,4 \times \left(X_{PC} + X_{HV} + X_{HC} + X_{OP}\right)$$

$$X_{PC} \geq 0,3 \times \left(X_{PC} + X_{HV} + X_{HC} + X_{OP}\right)$$

$$X_{OP} \leq X_{HV} + X_{HC}$$

$$X_C \geq 0,4 \times 60000$$

$$X_{PC} + X_{HV} + X_{HC} + X_{OP} + X_B + X_{OB} \leq 5 \times 10000$$

$$X_C + X_{PC} + X_{HV} + X_{HC} + X_{OP} + X_B + X_{OB} = 100000$$

$$X_i \geq 0$$

Donde X_i indica la cantidad destinada al activo i (C caja, PC préstamos comerciales, HV préstamos hipoteca vivienda, HC préstamos hipotecas convencionales, OP otros préstamos, B bonos y OB obligaciones).

Paso 2. Resuelva el modelo.

Mediante la aplicación de cualquier software de programación lineal se obtiene la solución óptima que se muestra a continuación.

Variable	Valor	Coste reducido
X_C	50.000	0
X_{PC}	20.000	0
X_{HV}	6.000	0
X_{HC}	9.000	0
X_{OP}	15.000	0
X_B	0	0,024
X_{OB}	0	0,004
S_1	10.000	0
E_2	10.000	0
S_3	0	0,02
S_4	0	0,01
E_5	5.000	0
S_6	0	0,03
E_7	26.000	0
S_8	0	0,064
Z = 3.380 millones		

La distribución óptima de los recursos de la entidad es la siguiente: 50.000 millones en caja, 20.000 millones en préstamos comerciales, 6.000 millones en préstamos hipoteca vivienda, 9.000 millones en préstamos hipotecas convencionales, y 15.000 millones en otros préstamos, alcanzándose el rendimiento máximo de 3.380 millones.

2. Indique como se modifica la solución óptima si la diferencia entre la caja más los bonos y los depósitos exigibles a la vista, debe ser inferior a 10.000 millones.

Debe añadir al modelo una restricción que recoja que la diferencia entre la caja más los bonos y los depósitos exigibles a la vista sea inferior a 10.000 millones.

$$X_C + X_B - 60000 \leq 10000$$

Dado que en la solución óptima actual en la caja hay 50.000 millones y la cantidad invertida en bonos es cero, la restricción es factible con la actual solución:

$$50000 + 0 - 60000 \leq 10000$$

La solución actual sigue siendo óptima. No se modifica la solución óptima actual, siendo el valor de la variable holgura correspondiente a la nueva restricción S_{10} de 20.000 millones.

$$X_C + X_B - 60000 + S_{10} = 10000$$

$$50000 + 0 - 60000 + 20000 = 10000$$

Ejercicio 13

Para el programa lineal

$$\text{Minimizar } c \cdot x$$

$$A \cdot x = b$$

$$x \geq 0$$

Con la siguiente matriz A

2	3	1	0
0	8	0	1

Y el vector $b^T = (7, 4)$. Se da la siguiente tabla incompleta para una iteración del simplex revisado:

Z	- 1	- 0,125	
X_1	0,5	- 0,188	
X_2	0	0,125	

Complete la tabla y construya la tabla del simplex normal correspondiente a la anterior.

Solución

Paso 1. Calcule el valor de las variables básicas.

$$X_B = B^{-1} \cdot b = \begin{bmatrix} 0,5 & -0,188 \\ 0 & 0,125 \end{bmatrix} \cdot \begin{bmatrix} 7 \\ 4 \end{bmatrix} = \begin{bmatrix} 2,75 \\ 0,50 \end{bmatrix}$$

Paso 2. Halle el valor costes unitarios de cada una de las variables, a partir de las variables duales.

$$W = C_B \cdot B^{-1} \quad \Rightarrow \quad (-1 \quad -0,125) = \begin{pmatrix} C_{X_1} & C_{X_2} \end{pmatrix} \cdot \begin{bmatrix} 0,5 & -0,188 \\ 0 & 0,125 \end{bmatrix}$$

$$-1 = 0,5\,C_{X_1} + 0\,C_{X_2} \quad \Rightarrow \quad C_{X_1} = -2$$

$$-0,125 = -0,188\,C_{X_1} + 0,125\,C_{X_2} \quad \Rightarrow \quad C_{X_2} = -4$$

Paso 3. Calcule el valor de la función objetivo.

$$Z = C_B \cdot X_B = (-2 \quad -4) \cdot \begin{bmatrix} 2,75 \\ 0,50 \end{bmatrix} = -7,5$$

De donde la tabla completa del simplex revisado:

Z	- 1	- 0,125	- 7,5
X_1	0,5	- 0,188	2,75
X_2	0	0,125	0,50

Y la tabla del simplex normal:

	Z	X_1	X_2	A_1	A_2	
Z	1	0	0	- 1	- 0,125	7,5
X_1	0	1	0	0,5	- 0,188	2,75
X_2	0	0	1	0	0,125	0,50

La tabla es óptima dado que ninguna variable no básica puede entrar en la base y mejorar la solución actual, al tener las variables no básicas su coste reducido negativo siendo el problema de mínimo.

Ejercicio 14

Resuelva mediante el método de las dos fases la siguiente red de flujo con coste mínimo y capacidad de los arcos limitada. La capacidad máxima de cada uno de los arcos se muestra en el gráfico, siendo los costes unitarios $C_{12}=2$, $C_{13}=4$, $C_{23}=4$, $C_{24}=2$, $C_{32}=3$ y $C_{34}=3$.

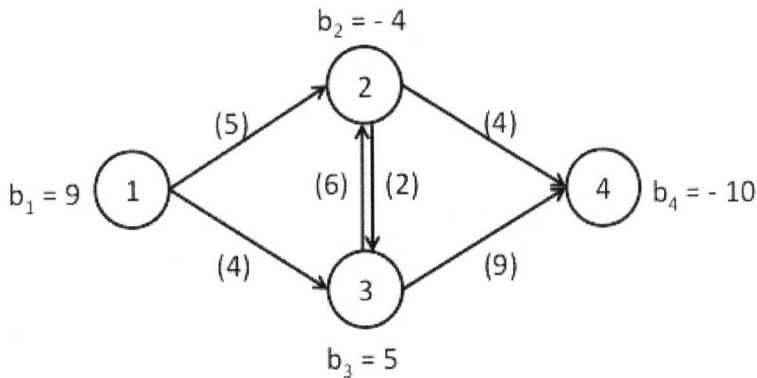

Solución

FASE 1

Solución inicial mediante variables artificiales

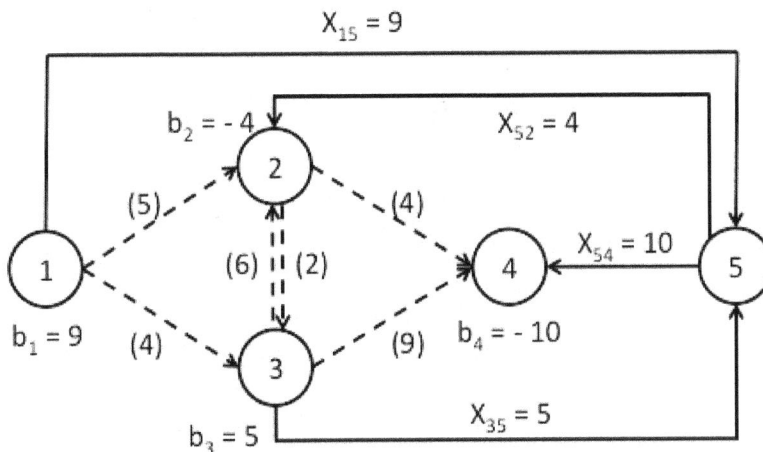

Iteración 1

Paso 1. Calcule las variables duales.

$$w_5 = 0$$

$$w_1 - w_5 = 1$$

$$w_1 = 1$$

$$w_3 - w_5 = 1$$

$$w_2 = -1$$

$$\Rightarrow$$

$$w_5 - w_2 = 1$$

$$w_3 = 1$$

$$w_5 - w_4 = 1$$

$$w_4 = -1$$

Paso 2. Calcule los costes reducidos de las variables no básicas.

$$Z_{12} - C_{12} = w_1 - w_2 - C_{12} = 1 - (-1) - 0 = 2$$

$$Z_{13} - C_{13} = w_1 - w_3 - C_{13} = 1 - 1 - 0 = 0$$

$$Z_{23} - C_{23} = w_2 - w_3 - C_{23} = (-1) - 1 - 0 = -2$$

$$Z_{32} - C_{32} = w_3 - w_2 - C_{32} = 1 - (-1) - 0 = 2$$

$$Z_{24} - C_{24} = w_2 - w_4 - C_{24} = (-1) - (-1) - 0 = 0$$

$$Z_{34} - C_{34} = w_3 - w_4 - C_{34} = 1 - (-1) - 0 = 2$$

Paso 3. Determine la variable que debe entrar en la base con el objetivo de mejorar la solución actual.

Indistintamente puede entrar en la base X_{12}, X_{32} y X_{34} ya que todas tienen el coste reducido positivo y del mismo valor. Se ha elegido X_{12} para entrar en la base.

Paso 4. Determine la variable que debe salir de la base.

$$\text{Mín}\{4 \quad 9 \quad 5-0\}=4 \quad \rightarrow \quad \text{Sale } X_{52}$$

Paso 5. Evalúe la nueva solución.

Iteración 2

Paso 1. Calcule las variables duales.

$$w_1 - w_5 = 1$$

$$w_3 - w_5 = 1$$

$$w_1 - w_2 = 0 \qquad \Rightarrow$$

$$w_5 - w_4 = 1$$

$$w_5 = 0$$

$$w_1 = 1$$

$$w_2 = -1$$

$$w_3 = 1$$

$$w_4 = -1$$

Paso 2. Calcule los costes reducidos de las variables no básicas.

$$Z_{13} - C_{13} = w_1 - w_3 - C_{13} = 1 - 1 - 0 = 0$$

$$Z_{23} - C_{23} = w_2 - w_3 - C_{23} = (-1) - 1 - 0 = -2$$

$$Z_{32} - C_{32} = w_3 - w_2 - C_{32} = 1 - (-1) - 0 = 2$$

$$Z_{24} - C_{24} = w_2 - w_4 - C_{24} = (-1) - (-1) - 0 = 0$$

$$Z_{34} - C_{34} = w_3 - w_4 - C_{34} = 1 - (-1) - 0 = 2$$

Paso 3. Determine la variable que debe entrar en la base con el objetivo de mejorar la solución actual.

Indistintamente puede entrar en la base X_{32} y X_{34} ya que ambas tienen el coste reducido positivo y del mismo valor. Se ha elegido X_{34} para entrar en la base.

Paso 4. Determine la variable que debe salir de la base.

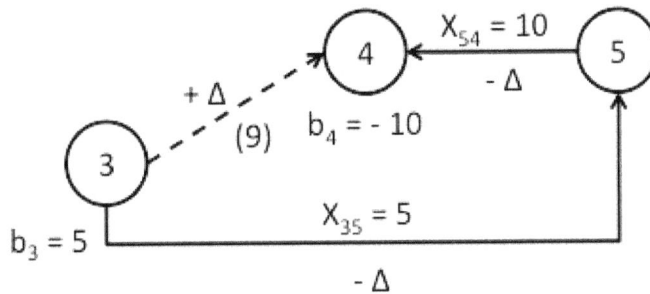

$$\text{Mín}\{5 \quad 10 \quad 9-0\}=5 \quad \rightarrow \quad \text{Sale } X_{35}$$

Paso 5. Evalúe la nueva solución.

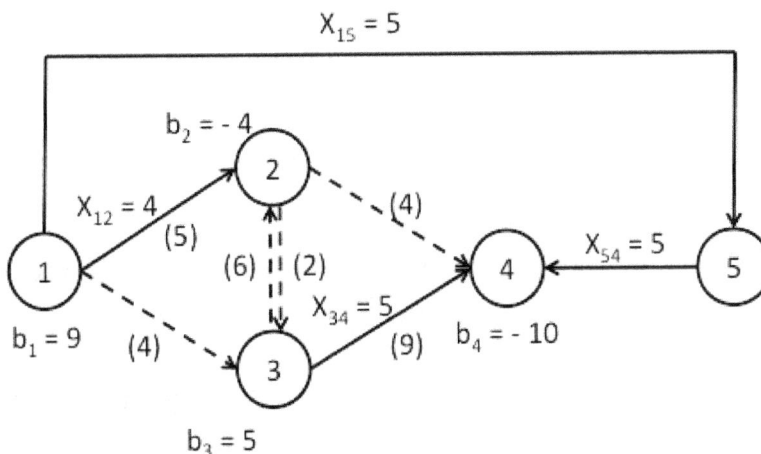

Iteración 3

Paso 1. Calcule las variables duales.

$$w_1 - w_5 = 1$$

$$w_1 - w_2 = 0$$

$$w_3 - w_4 = 0 \qquad \Rightarrow$$

$$w_5 - w_4 = 1$$

$$w_5 = 0$$

$$w_1 = 1$$

$$w_2 = 1$$

$$w_3 = -1$$

$$w_4 = -1$$

Paso 2. Calcule los costes reducidos de las variables no básicas.

$$Z_{13} - C_{13} = w_1 - w_3 - C_{13} = 1 - (-1) - 0 = 2$$

$$Z_{23} - C_{23} = w_2 - w_3 - C_{23} = 1 - (-1) - 0 = 2$$

$$Z_{32} - C_{32} = w_3 - w_2 - C_{32} = (-1) - 1 - 0 = -2$$

$$Z_{24} - C_{24} = w_2 - w_4 - C_{24} = 1 - (-1) - 0 = 2$$

Paso 3. Determine la variable que debe entrar en la base con el objetivo de mejorar la solución actual.

Indistintamente puede entrar en la base X_{13}, X_{23} y X_{24} ya que todas tienen el coste reducido positivo y del mismo valor. Se elige X_{24} para entrar en la base.

Paso 4. Determine la variable que debe salir de la base.

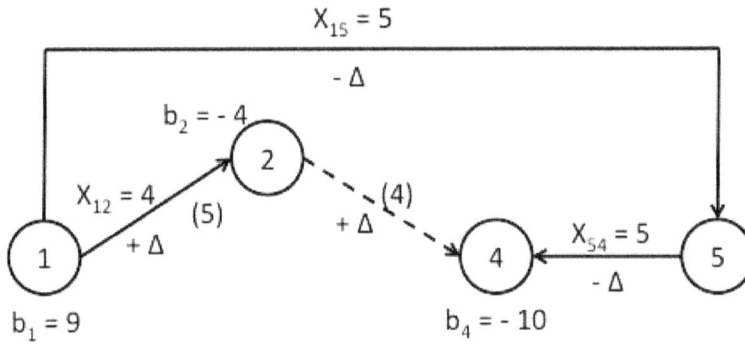

$$\text{Mín}\{5 \quad 5 \quad 5-4 \quad 4-0\}=1 \quad \rightarrow \quad \text{Sale } X_{12} \text{ a cota superior}$$

Paso 5. Evalúe la nueva solución.

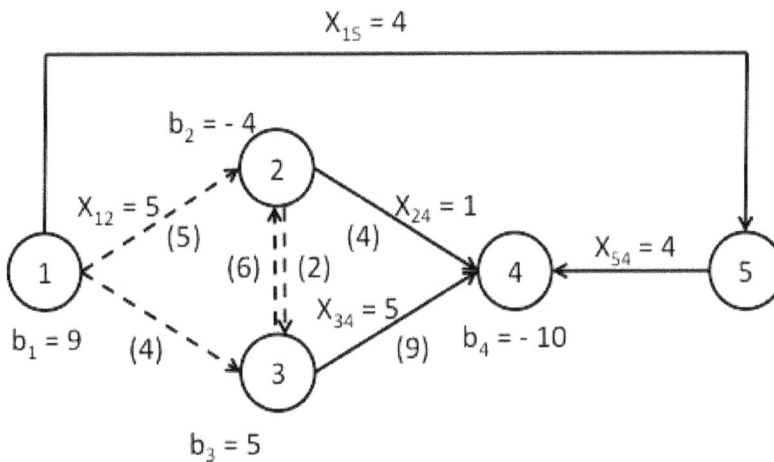

Iteración 4

Paso 1. Calcule las variables duales.

$$w_5 = 0$$

$$w_1 - w_5 = 1$$

$$w_1 = 1$$

$$w_2 - w_4 = 0$$

$$\Rightarrow \quad w_2 = -1$$

$$w_3 - w_4 = 0$$

$$w_3 = -1$$

$$w_5 - w_4 = 1$$

$$w_4 = -1$$

Paso 2. Calcule los costes reducidos de las variables no básicas.

$$Z_{12} - C_{12} = w_1 - w_2 - C_{12} = 1 - (-1) - 0 = 2$$

$$Z_{13} - C_{13} = w_1 - w_3 - C_{13} = 1 - (-1) - 0 = 2$$

$$Z_{23} - C_{23} = w_2 - w_3 - C_{23} = (-1) - (-1) - 0 = 0$$

$$Z_{32} - C_{32} = w_3 - w_2 - C_{32} = (-1) - (-1) - 0 = 0$$

Paso 3. Determine la variable que debe entrar en la base con el objetivo de mejorar la solución actual.

La variable no básica que está a cota superior X_{12} no puede entrar en la base dado que no tiene el coste reducido negativo. De las variables no básicas que están a cota inferior, entra en la base la variable X_{13} ya que tiene el coste reducido positivo.

Paso 4. Determine la variable que debe salir de la base.

$$X_{15} = 4$$
$$-\Delta$$

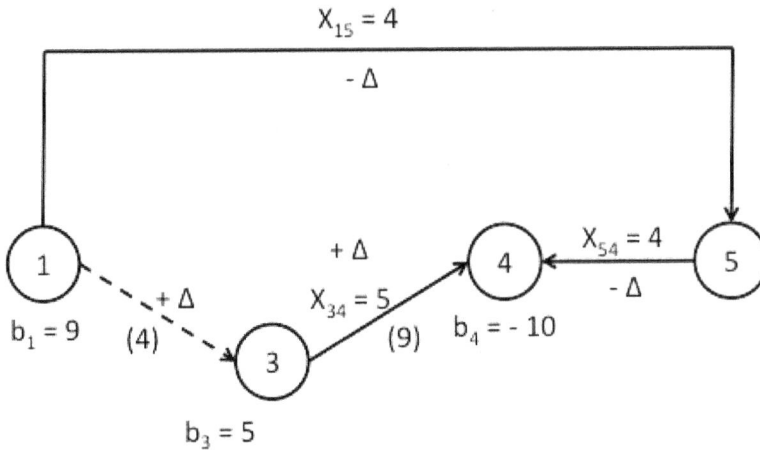

$$\text{Mín}\{9-5 \quad 4 \quad 4 \quad 4-0\}=4 \quad \rightarrow \quad \text{Sale } X_{15}$$

Paso 5. Evalúe la nueva solución.

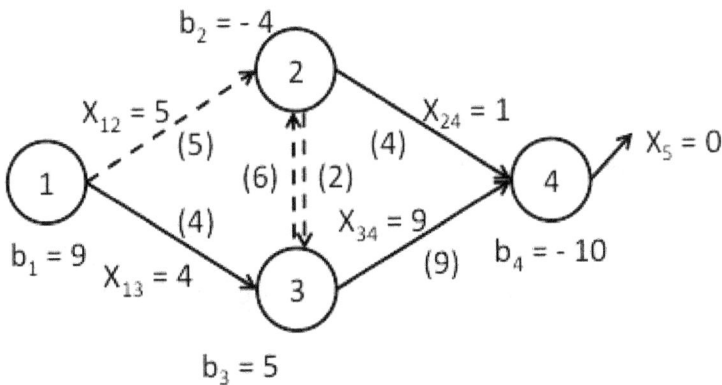

FASE 2

Iteración 1

Paso 1. Calcule las variables duales.

$$w_4 = 0$$

$$w_1 - w_3 = 4$$

$$w_1 = 7$$

$$w_2 - w_4 = 2 \quad \Rightarrow$$

$$w_2 = 2$$

$$w_3 - w_4 = 3$$

$$w_3 = 3$$

Paso 2. Calcule los costes reducidos de las variables no básicas.

$$Z_{12} - C_{12} = w_1 - w_2 - C_{12} = 7 - 2 - 2 = 3$$

$$Z_{23} - C_{23} = w_2 - w_3 - C_{23} = 2 - 3 - 4 = -5$$

$$Z_{32} - C_{32} = w_3 - w_2 - C_{32} = 3 - 2 - 3 = -2$$

Paso 3. Determine la variable que debe entrar en la base con el objetivo de mejorar la solución actual.

Ninguna de las variables no básicas puede entrar en la base y mejorar la solución actual dado que los costes reducidos de las variables no básicas a cota inferior son negativos y los de las variables no básicas a cota superior son positivos. La solución hallada es óptima.

Ejercicio 15

Se desea fabricar una mezcla que no contenga más del 6% del ingrediente A, ni menos del 5% del B. Para ello dispone de tres materiales (X, Y, Z) que puede mezclar en cualquier proporción. La tabla siguiente recoge los porcentajes de ingredientes que contienen cada uno de los materiales así como el coste de los mismos.

	% de A	% de B	Coste
X	3%	6%	3 euros/Kg.
Y	5%	3%	1 euro/Kg.
Z	6%	2%	2 euros/Kg.

1. Determine la mezcla de coste mínimo.

2. Escriba el programa lineal dual e indique su solución óptima.

Indique las modificaciones que se producen en la solución óptima, en los siguientes casos:

3. La mezcla no contenga menos del 4% del ingrediente B.

4. La mezcla no contenga más del 5% del ingrediente A.

5. El coste del material Y fuera de 2 euros/Kg.

6. El coste del material Z fuera de 0,1 euros/Kg.

7. Dispone de un cuarto material W que contiene un 5% de A y un 5% de B, con un coste de 1 euro/Kg.

Solución

1. Determine la mezcla de coste mínimo.

El modelo que le permita obtener la mezcla de coste mínimo.

$$\text{Mín}\left\{3\,X + 1\,Y + 2\,Z\right\}$$

$$3\,X + 5\,Y + 6\,Z \leq 6$$

$$6\,X + 3\,Y + 2\,Z \geq 5$$

$$X, Y, Z \geq 0$$

Donde X recoge la cantidad de material X incluido en la mezcla, Y la cantidad de material Y incorporado a la mezcla y Z la cantidad de material Z agregado a la mezcla. Mediante la aplicación de cualquier software de programación lineal se alcanza la solución óptima que muestra la tabla siguiente.

	Z	X	Y	Z	S_1	E_1	A_1	
Z	1	0	0	- 1,71	- 0,1429	- 0,57	0,5714	2
Y	0	0	1	1,43	0,2857	0,14	- 0,1429	1
X	0	1	0	- 0,38	- 0,1429	- 0,24	0,2381	0,3333

La mezcla debe contener 0,33 Kg. de material X y 1 Kg. de material Y, siendo su coste de 2 euros.

2. Escriba el programa lineal dual e indique su solución óptima.

$$\text{Máx} \{6\,W_1 + 5\,W_2\}$$

$$3\,W_1 + 6\,W_2 \leq 3$$

$$5\,W_1 + 3\,W_2 \leq 1$$

$$6\,W_1 + 2\,W_2 \leq 2$$

$$W_1 \leq 0 \qquad W_2 \geq 0$$

Su solución viene dada por los costes reducidos de las variables de holgura y exceso:

$$W_1 = -0{,}1429 \qquad W_2 = 0{,}5714$$

3. La mezcla no contenga menos del 4% del ingrediente B.

Al cambiar el término independiente debe calcular el nuevo valor de las variables básicas y el nuevo valor de la función objetivo.

$$X_B = B^{-1} \cdot b = \begin{bmatrix} 0{,}2857 & -0{,}1429 \\ -0{,}1429 & 0{,}2381 \end{bmatrix} \times \begin{bmatrix} 6 \\ 4 \end{bmatrix} = \begin{bmatrix} 1{,}1426 \\ 0{,}095 \end{bmatrix} = \begin{bmatrix} Y \\ X \end{bmatrix}$$

$$Z = C_B \cdot X_B + C_N \cdot X_N = \begin{bmatrix} 1 & 3 \end{bmatrix} \cdot \begin{bmatrix} 1{,}1426 \\ 0{,}095 \end{bmatrix} + 0 = 1{,}428$$

El coste de la mezcla se reduce de 2 a 1,4 euros, empleando en este caso 0,095 Kg. de material X y 1,1426 Kg. de material Y.

4. La mezcla no contenga más del 5% del ingrediente A.

$$X_B = B^{-1} \cdot b = \begin{bmatrix} 0{,}2857 & -0{,}1429 \\ -0{,}1429 & 0{,}2381 \end{bmatrix} \times \begin{bmatrix} 5 \\ 5 \end{bmatrix} = \begin{bmatrix} 0{,}714 \\ 0{,}476 \end{bmatrix} = \begin{bmatrix} Y \\ X \end{bmatrix}$$

$$Z = C_B \cdot X_B + C_N \cdot X_N = \begin{bmatrix} 1 & 3 \end{bmatrix} \cdot \begin{bmatrix} 0{,}714 \\ 0{,}476 \end{bmatrix} + 0 = 2{,}142$$

El coste de la mezcla se incrementa de 2 a 2,142 euros, utilizándose en la mezcla 0,476 Kg. de material X y 0,714 Kg. de material Y.

5. El coste del material Y fuera de 2 euros/Kg.

Al cambiar el coeficiente de la función objetivo de una variable básica debe recalcular el coste reducido de las variables no básicas y el valor de la función objetivo.

$$Z_j - C_j = C_B \cdot B^{-1} \cdot N - C_N$$

$$Z_j - C_j = \begin{pmatrix} 2 & 3 \end{pmatrix} \cdot \begin{bmatrix} 1{,}43 & 0{,}2857 & 0{,}14 \\ -0{,}38 & -0{,}1429 & -0{,}24 \end{bmatrix} - \begin{pmatrix} 2 & 0 & 0 \end{pmatrix} = \begin{pmatrix} -0{,}28 & 0{,}1427 & -0{,}44 \end{pmatrix}$$

$$Z = C_B \cdot X_B + C_N \cdot X_N = \begin{bmatrix} 2 & 3 \end{bmatrix} \cdot \begin{bmatrix} 1 \\ 0{,}33 \end{bmatrix} + 0 = 3$$

La variable S_1 puede entrar en la base al tener el coste reducido positivo siendo el problema de mínimo. A continuación se muestra la nueva tabla.

	Z	X	Y	Z	S_1	E_1	A_1	
Z	1	0	0	- 0,28	0,1427	- 0,44	0,4285	3
Y	0	0	1	1,43	0,2857	0,14	- 0,1429	1
X	0	1	0	- 0,38	- 0,1429	- 0,24	0,2381	0,3333

Sale de la base:

$$Min\left\{\frac{B^{-1}\cdot b}{B^{-1}\cdot A_{S_1}}, B^{-1}\cdot A_{S_1} > 0\right\} = Min\left\{\frac{1}{0,2857}, -\right\} = 3,5 \quad \rightarrow \quad Y$$

	Z	X	Y	Z	S_1	E_1	A_1	
Z	1	0	- 0,5	1	0	- 0,5	0,5	2,5
S_1	0	0	3,5	5	1	0,5	- 0,5	3,5
X	0	1	0,5	0,33	0	- 0,17	0,17	0,83

El coste de la mezcla se incrementa de 2 a 2,5 euros, utilizándose solo 0,83 Kg. de material X.

6. El coste del material Z fuera de 0,1 euros/Kg.

Al cambiar el coeficiente de la función objetivo de una variable no básica cambia su coste reducido. Debe calcular el nuevo coste reducido de la misma.

$$Z_Z - C_Z = C_B \cdot B^{-1} \cdot A_Z - C_Z = (1 \quad 3) \cdot \begin{bmatrix} 1,43 \\ -0,38 \end{bmatrix} - 0,1 = 0,19$$

La variable Z puede entrar en la base al tener el coste reducido positivo siendo el problema de mínimo. A continuación se muestra la nueva tabla.

	Z	X	Y	Z	S_1	E_1	A_1	
Z	1	0	0	0,19	- 0,1429	- 0,57	0,5714	2
Y	0	0	1	1,43	0,2857	0,14	- 0,1429	1
X	0	1	0	- 0,38	- 0,1429	- 0,24	0,2381	0,3333

Sale de la base:

$$\text{Min}\left\{\frac{B^{-1} \cdot b}{B^{-1} \cdot A_Z}, B^{-1} \cdot A_Z > 0\right\} = \text{Min}\left\{\frac{1}{1,43}, -\right\} = 0,7 \;\;\rightarrow\;\; Y$$

	Z	X	Y	Z	S_1	E_1	A_1	
Z	1	0	- 0,13	0	- 0,18	- 0,59	0,59	1,87
Z	0	0	0,7	1	0,2	0,1	- 0,1	0,7
X	0	1	0,266	0	- 0,06	- 0,20	0,2	0,6

El coste de la mezcla se reduce de 2 a 1,87 euros, utilizándose en la mezcla 0,7 Kg. de material Z y 0,6 Kg. de material X.

7. Dispone de un cuarto material W que contiene un 5% de A y un 5% de B, con un coste de 1 euro/Kg.

Incorporar una nueva variable en la tabla requiere el cálculo del coste reducido de dicha variable así como de su vector $(B^{-1} \cdot A_j)$.

$$Z_j - C_j = C_B \cdot B^{-1} \cdot N - C_N$$

$$B^{-1} \cdot A_W = \begin{bmatrix} 0,2857 & -0,1429 \\ -0,1429 & 0,2381 \end{bmatrix} \times \begin{bmatrix} 5 \\ 5 \end{bmatrix} = \begin{bmatrix} 0,714 \\ 0,476 \end{bmatrix}$$

$$Z_W - C_W = C_B \cdot B^{-1} \cdot A_W - C_W = \begin{pmatrix} 1 & 3 \end{pmatrix} \cdot \begin{bmatrix} 0,714 \\ 0,476 \end{bmatrix} - 1 = 1,142$$

El nuevo ingrediente W puede entrar en la base al tener el coste reducido positivo siendo el problema de mínimo. A continuación se muestra la nueva tabla.

	Z	X	Y	Z	W	S_1	E_1	A_1	
Z	1	0	0	- 1,71	1,14	- 0,142	- 0,57	0,571	2
Y	0	0	1	1,43	0,71	0,285	0,14	- 0,142	1
X	0	1	0	- 0,38	0,47	- 0,142	- 0,24	0,238	0,3333

Sale de la base:

$$\text{Min}\left\{\frac{B^{-1}\cdot b}{B^{-1}\cdot A_W}, B^{-1}\cdot A_W > 0\right\} = \text{Min}\left\{\frac{1}{0,71}, \frac{0,33}{0,47}\right\} = 0,7 \quad \rightarrow \quad X$$

	Z	X	Y	Z	W	S_1	E_1	A_1	
Z	1	- 2,4	0	- 0,8	0	0,2	0	0	1,2
Y	0	- 1,5	1	2	0	0,5	0,5	- 0,5	0,5
W	0	2,13	0	- 0,8	1	- 0,3	- 0,5	0,5	0,7

La variable S_1 puede entrar en la base al tener el coste reducido positivo siendo el problema de mínimo. Sale de la base:

$$\text{Min}\left\{\frac{B^{-1} b}{B^{-1}\cdot A_{S_1}}, B^{-1}\cdot A_{S_1} > 0\right\} = \text{Min}\left\{\frac{0,5}{0,5}, -\right\} = 1 \quad \rightarrow \quad Y$$

	Z	X	Y	Z	W	S_1	E_1	A_1	
Z	1	- 1,8	- 0,4	- 1,6	0	0	- 0,2	0,2	1
S_1	0	- 3	2	4	0	1	1	- 1	1
W	0	1,23	0,6	0,4	1	0	- 0,2	0,2	1

El coste de la mezcla se reduce de 2 euros a 1 euro, utilizándose solo 1 Kg. del ingrediente W en la mezcla.

Ejercicio 16

Dado el programa lineal

$$\text{Máx} \left\{ 4\,X_1 + 3\,X_2 \right\}$$

$$1\,X_1 + 3\,X_2 \leq 8$$

$$3\,X_1 + 3\,X_2 \leq 12$$

$$X_1 , X_2 \geq 0$$

Cuya solución óptima viene dada en la tabla.

	Z	X_1	X_2	S_1	S_2	
Z	1	0	1	0	1,33	16
S_1	0	0	2	1	- 0,33	4
X_1	0	1	1	0	0,33	4

Determine:

1. El rango de valores de los recursos para los que la solución actual sigue siendo óptima.

2. El recurso que conviene aumentar.

3. El rango de valores de las utilidades marginales para los que la solución actual sigue siendo óptima.

Solución

1. **El rango de valores de los recursos para los que la solución actual sigue siendo óptima.**

$$X_B = B^{-1} \cdot b = \begin{bmatrix} 1 & -0,33 \\ 0 & 0,33 \end{bmatrix} \times \begin{bmatrix} 8 + \Delta b_1 \\ 12 \end{bmatrix} = \begin{bmatrix} 4 + \Delta b_1 \\ 4 \end{bmatrix}$$

$$B^{-1} \cdot b \geq 0 \quad \Rightarrow \quad \begin{bmatrix} 4 + \Delta b_1 \\ 4 \end{bmatrix} \geq 0 \quad \Rightarrow \quad \Delta b_1 \geq -4$$

$$\boxed{4 \leq b_1 \leq M}$$

$$X_B = B^{-1} \cdot b = \begin{bmatrix} 1 & -0,33 \\ 0 & 0,33 \end{bmatrix} \times \begin{bmatrix} 8 \\ 12 + \Delta b_2 \end{bmatrix} = \begin{bmatrix} 4 - 0,33\,\Delta b_2 \\ 4 + 0,33\,\Delta b_2 \end{bmatrix}$$

$$B^{-1} \cdot b \geq 0 \quad \Rightarrow \quad \begin{bmatrix} 4 - 0,33\,\Delta b_2 \\ 4 + 0,33\,\Delta b_2 \end{bmatrix} \geq 0 \quad \Rightarrow \quad -12 \leq \Delta b_2 \leq 12$$

$$\boxed{0 \leq b_2 \leq 24}$$

2. El recurso que conviene aumentar.

$$Z = C_B \cdot B^{-1} \cdot b \quad \Rightarrow \quad \frac{\partial z}{\partial b} = C_B \cdot B^{-1} = w$$

$$\frac{\partial z}{\partial b_1} = w_1 = 0 \qquad\qquad \frac{\partial z}{\partial b_2} = w_2 = 1,33$$

El primer recurso es abundante ($S_1 = 4$). No tiene ningún sentido aumentar un recurso abundante de tal suerte que pase a ser más abundante ($w_1 = 0$).

El segundo recurso es escaso ($S_2 = 0$). El aumento de un recurso escaso mejora la solución ($w_2 = 1,33$). Procede pues aumentar el segundo recurso dado que por cada unidad que incremente el segundo recurso, el valor de la función objetivo aumenta en 1,33 unidades ($w_2 = 1,33$).

3. **El rango de valores de los coeficientes de la función objetivo para los que la solución actual sigue siendo óptima.**

$$Z_N - C_N = C_B \cdot B^{-1} \cdot N - C_N$$

$$Z_N - C_N = \begin{pmatrix} 0 & 4 + \Delta C_{X1} \end{pmatrix} \cdot \begin{bmatrix} 2 & -0,33 \\ 1 & 0,33 \end{bmatrix} - \begin{pmatrix} 3 & 0 \end{pmatrix} \geq 0$$

$$1 + \Delta C_{X1} \geq 0 \quad \Rightarrow \quad \Delta C_{X1} \geq -1$$

$$1,33 + 0,33 \cdot \Delta C_{X1} \geq 0 \quad \Rightarrow \quad \Delta C_{X1} \geq -4$$

$$-1 \leq \Delta C_{X1} \leq M$$

$$\boxed{3 \leq C_{X1} \leq M}$$

$$Z_N - C_N = C_B \cdot B^{-1} \cdot N - C_N$$

$$Z_N - C_N = \begin{pmatrix} 0 & 4 \end{pmatrix} \cdot \begin{bmatrix} 2 & -0,33 \\ 1 & 0,33 \end{bmatrix} - \begin{pmatrix} 3 + \Delta C_{X2} & 0 \end{pmatrix} \geq 0$$

$$4 - 3 - \Delta C_{X2} \geq 0 \quad \Rightarrow \quad \Delta C_{X2} \leq 1$$

$$-M \leq \Delta C_{X2} \leq 1$$

$$\boxed{-M \leq C_{X2} \leq 4}$$

Ejercicio 17

Suponga la siguiente red de autopistas. Los valores de cada arco recogen el tiempo necesario en horas para recorrer dicho arco. Un coche está estacionado en el nodo 2, dos coches en el nodo 1 y un coche en el nodo 3. Los cuatro vehículos son requeridos en el nodo 6. Determine el tiempo mínimo total necesario para llevar al nodo 6 los cuatro vehículos.

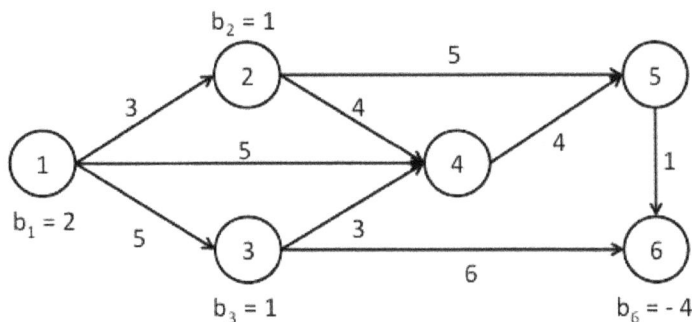

Solución

FASE 1

Solución inicial mediante variables artificiales

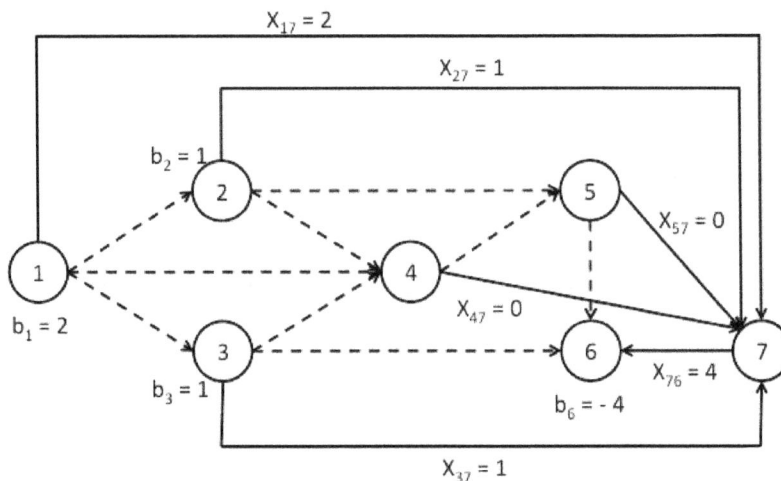

111

Iteración 1

Paso 1. Calcule las variables duales.

$$w_1 - w_7 = 1$$

$$w_2 - w_7 = 1 \qquad w_7 = 0$$
$$\qquad\qquad\qquad\qquad w_1 = 1$$

$$w_3 - w_7 = 1 \qquad w_2 = 1$$
$$\Rightarrow \qquad\qquad\qquad w_3 = 1$$

$$w_4 - w_7 = 1 \qquad w_4 = 1$$
$$\qquad\qquad\qquad\qquad w_5 = 1$$

$$w_5 - w_7 = 1 \qquad w_6 = -1$$

$$w_7 - w_6 = 1$$

Paso 2. Calcule los costes reducidos de las variables no básicas.

$$Z_{12} - C_{12} = w_1 - w_2 - C_{12} = 1 - 1 - 0 = 0$$

$$Z_{13} - C_{13} = w_1 - w_3 - C_{13} = 1 - 1 - 0 = 0$$

$$Z_{14} - C_{14} = w_1 - w_4 - C_{14} = 1 - 1 - 0 = 0$$

$$Z_{24} - C_{24} = w_2 - w_4 - C_{24} = 1 - 1 - 0 = 0$$

$$Z_{25} - C_{25} = w_2 - w_5 - C_{25} = 1 - 1 - 0 = 0$$

$$Z_{34} - C_{34} = w_3 - w_4 - C_{34} = 1 - 1 - 0 = 0$$

$$Z_{36} - C_{36} = w_3 - w_6 - C_{36} = 1 - (-1) - 0 = 2$$

$$Z_{45} - C_{45} = w_4 - w_5 - C_{45} = 1 - 1 - 0 = 0$$

$$Z_{56} - C_{56} = w_5 - w_6 - C_{56} = 1 - (-1) - 0 = 2$$

Paso 3. Determine la variable que debe entrar en la base con el objetivo de mejorar la solución actual.

Indistintamente puede entrar en la base X_{36} y X_{56} ya que ambas tienen el coste reducido positivo y del mismo valor. Se elige X_{36} para entrar en la base.

Paso 4. Determine la variable que debe salir de la base.

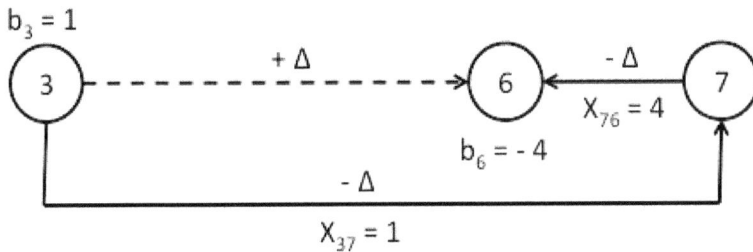

$$\text{Mín}\{4 \quad 1\} = 1 \quad \rightarrow \quad \text{Sale } X_{37}$$

Paso 5. Evalúe la nueva solución.

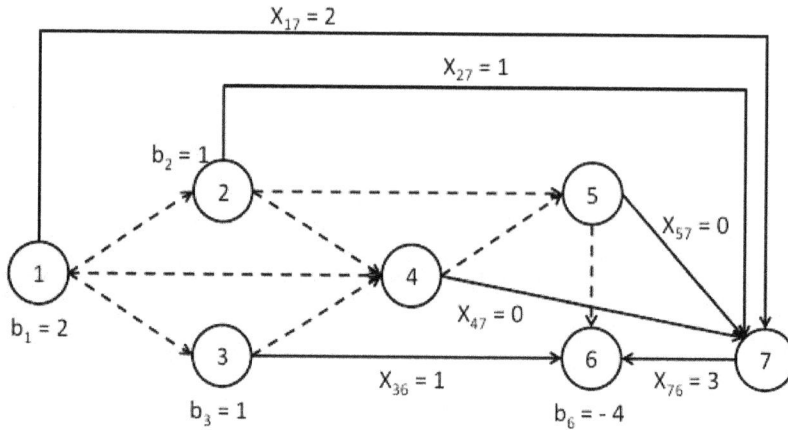

Iteración 2

Paso 1. Calcule las variables duales.

$$w_1 - w_7 = 1$$

$$w_2 - w_7 = 1 \qquad w_7 = 0$$

$$w_1 = 1$$

$$w_3 - w_6 = 0 \qquad w_2 = 1$$

$$\Rightarrow \qquad w_3 = -1$$

$$w_4 - w_7 = 1 \qquad w_4 = 1$$

$$w_5 = 1$$

$$w_5 - w_7 = 1 \qquad w_6 = -1$$

$$w_7 - w_6 = 1$$

Paso 2. Calcule los costes reducidos de las variables no básicas.

$$Z_{12} - C_{12} = w_1 - w_2 - C_{12} = 1 - 1 - 0 = 0$$

$$Z_{13} - C_{13} = w_1 - w_3 - C_{13} = 1 - (-1) - 0 = 2$$

$$Z_{14} - C_{14} = w_1 - w_4 - C_{14} = 1 - 1 - 0 = 0$$

$$Z_{24} - C_{24} = w_2 - w_4 - C_{24} = 1 - 1 - 0 = 0$$

$$Z_{25} - C_{25} = w_2 - w_5 - C_{25} = 1 - 1 - 0 = 0$$

$$Z_{34} - C_{34} = w_3 - w_4 - C_{34} = (-1) - 1 - 0 = -2$$

$$Z_{45} - C_{45} = w_4 - w_5 - C_{45} = 1 - 1 - 0 = 0$$

$$Z_{56} - C_{56} = w_5 - w_6 - C_{56} = 1 - (-1) - 0 = 2$$

Paso 3. Determine la variable que debe entrar en la base con el objetivo de mejorar la solución actual.

Indistintamente puede entrar en la base X_{13} y X_{56} ya que ambas tienen el coste reducido positivo y del mismo valor. Se elige X_{13} para entrar en la base.

Paso 4. Determine la variable que debe salir de la base.

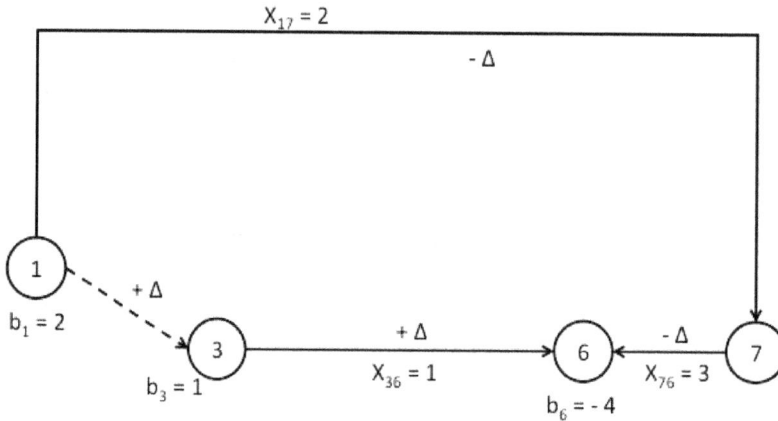

$$\text{Mín}\{3 \quad 2\} = 2 \quad \rightarrow \quad \text{Sale } X_{17}$$

Paso 5. Evalúe la nueva solución.

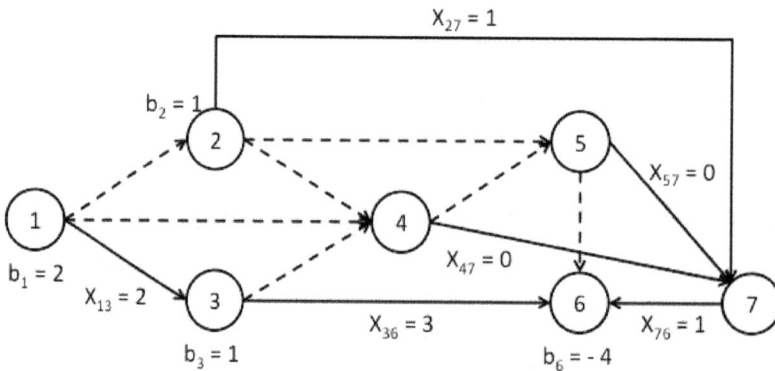

Iteración 3

Paso 1. Calcule las variables duales.

$$w_1 - w_3 = 0$$

$$w_2 - w_7 = 1 \qquad \qquad w_7 = 0$$

$$\qquad \qquad \qquad \qquad \qquad w_1 = -1$$

$$w_3 - w_6 = 0 \qquad \qquad w_2 = 1$$

$$\Rightarrow \qquad \qquad \qquad w_3 = -1$$

$$w_4 - w_7 = 1 \qquad \qquad w_4 = 1$$

$$\qquad \qquad \qquad \qquad \qquad w_5 = 1$$

$$w_5 - w_7 = 1 \qquad \qquad w_6 = -1$$

$$w_7 - w_6 = 1$$

Paso 2. Calcule los costes reducidos de las variables no básicas.

$$Z_{12} - C_{12} = w_1 - w_2 - C_{12} = (-1) - 1 - 0 = -2$$

$$Z_{14} - C_{14} = w_1 - w_4 - C_{14} = (-1) - 1 - 0 = -2$$

$$Z_{24} - C_{24} = w_2 - w_4 - C_{24} = 1 - 1 - 0 = 0$$

$$Z_{25} - C_{25} = w_2 - w_5 - C_{25} = 1 - 1 - 0 = 0$$

$$Z_{34} - C_{34} = w_3 - w_4 - C_{34} = (-1) - 1 - 0 = -2$$

$$Z_{45} - C_{45} = w_4 - w_5 - C_{45} = 1 - 1 - 0 = 0$$

$$Z_{56} - C_{56} = w_5 - w_6 - C_{56} = 1 - (-1) - 0 = 2$$

Paso 3. Determine la variable que debe entrar en la base con el objetivo de mejorar la solución actual.

Entra en la base X_{56} ya que tiene el coste reducido positivo y el problema es de mínimo.

Paso 4. Determine la variable que debe salir de la base.

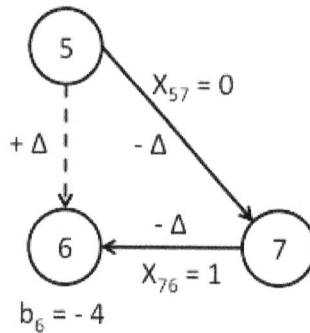

$$\text{Mín}\{0 \quad 1\}=0 \quad \rightarrow \quad \text{Sale } X_{57}$$

Paso 5. Evalúe la nueva solución.

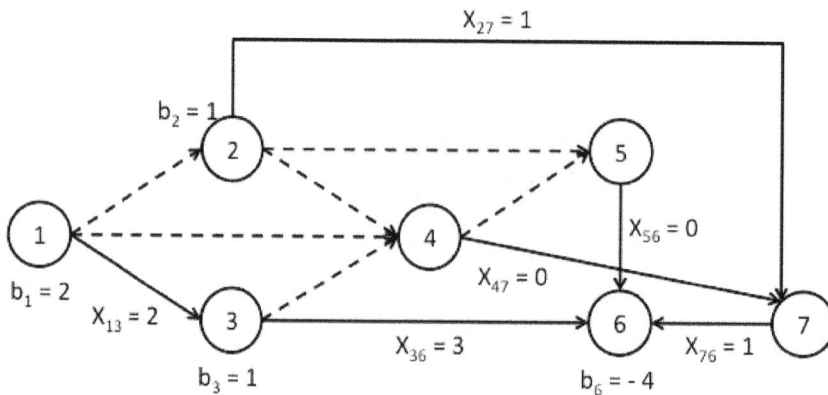

Iteración 4

Paso 1. Calcule las variables duales.

$$w_1 - w_3 = 0$$

$$w_2 - w_7 = 1 \qquad\qquad w_7 = 0$$

$$\qquad\qquad\qquad\qquad\qquad w_1 = -1$$

$$w_3 - w_6 = 0 \qquad\qquad w_2 = 1$$

$$\qquad\qquad\qquad\Rightarrow \qquad\qquad\qquad\qquad w_3 = -1$$

$$w_4 - w_7 = 1 \qquad\qquad w_4 = 1$$

$$\qquad\qquad\qquad\qquad\qquad\qquad w_5 = -1$$

$$w_5 - w_6 = 0 \qquad\qquad w_6 = -1$$

$$w_7 - w_6 = 1$$

Paso 2. Calcule los costes reducidos de las variables no básicas.

$$Z_{12} - C_{12} = w_1 - w_2 - C_{12} = (-1) - 1 - 0 = -2$$

$$Z_{14} - C_{14} = w_1 - w_4 - C_{14} = (-1) - 1 - 0 = -2$$

$$Z_{24} - C_{24} = w_2 - w_4 - C_{24} = 1 - 1 - 0 = 0$$

$$Z_{25} - C_{25} = w_2 - w_5 - C_{25} = 1 - (-1) - 0 = 2$$

$$Z_{34} - C_{34} = w_3 - w_4 - C_{34} = (-1) - 1 - 0 = -2$$

$$Z_{45} - C_{45} = w_4 - w_5 - C_{45} = 1 - (-1) - 0 = 2$$

Paso 3. Determine la variable que debe entrar en la base con el objetivo de mejorar la solución actual.

Indistintamente puede entrar en la base X_{25} y X_{45} ya que ambas tienen el coste reducido positivo y del mismo valor. Se elige X_{25} para entrar en la base.

Paso 4. Determine la variable que debe salir de la base.

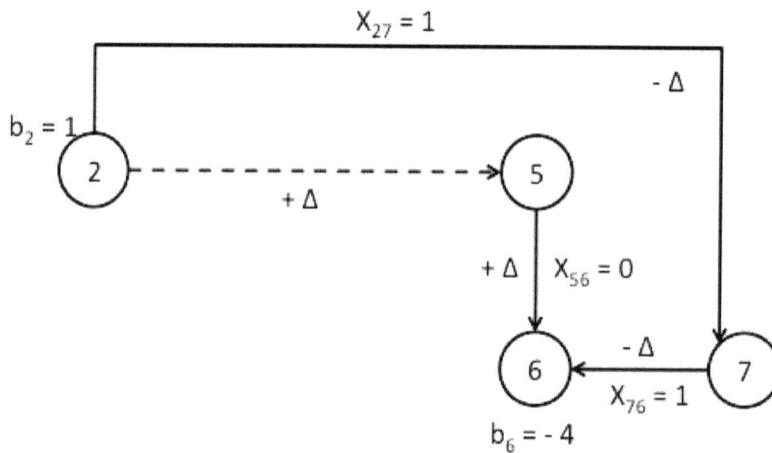

$$\text{Mín}\{1 \qquad 1\} = 1 \quad \rightarrow \quad \text{Sale } X_{27}$$

Paso 5. Evalúe la nueva solución.

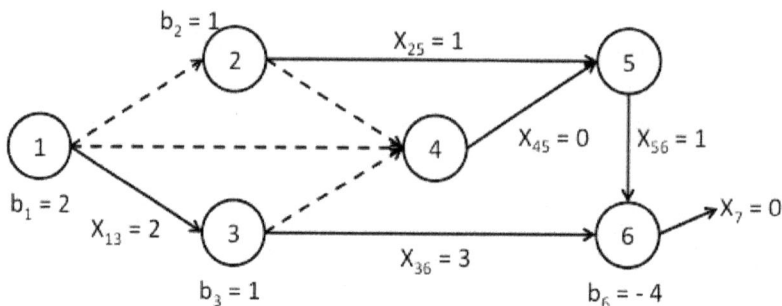

FASE 2

Iteración 1

Paso 1. Calcule las variables duales.

$$w_1 - w_3 = 5$$

$$w_5 = 0$$

$$w_2 - w_5 = 5 \qquad\qquad w_1 = 10$$

$$w_2 = 5$$

$$w_3 - w_6 = 6 \quad \Rightarrow \qquad\qquad w_3 = 5$$

$$w_4 = 4$$

$$w_4 - w_5 = 4$$

$$w_6 = -1$$

$$w_5 - w_6 = 1$$

Paso 2. Calcule los costes reducidos de las variables no básicas.

$$Z_{12} - C_{12} = w_1 - w_2 - C_{12} = 10 - 5 - 3 = 2$$

$$Z_{14} - C_{14} = w_1 - w_4 - C_{14} = 10 - 4 - 5 = 1$$

$$Z_{24} - C_{24} = w_2 - w_4 - C_{24} = 5 - 4 - 4 = -3$$

$$Z_{34} - C_{34} = w_3 - w_4 - C_{34} = 5 - 4 - 3 = -2$$

Paso 3. Determine la variable que debe entrar en la base con el objetivo de mejorar la solución actual.

Entra en la base X_{12} ya que tiene el coste reducido positivo mayor y el problema es de mínimo.

Paso 4. Determine la variable que debe salir de la base.

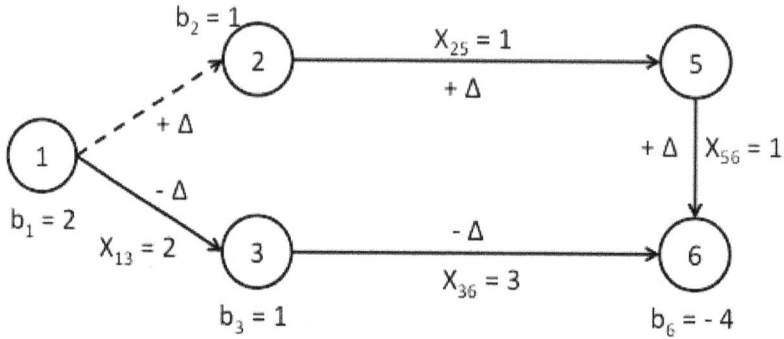

$$\text{Mín}\{2 \quad 3\}=2 \quad \rightarrow \quad \text{Sale } X_{13}$$

Paso 5. Evalúe la nueva solución.

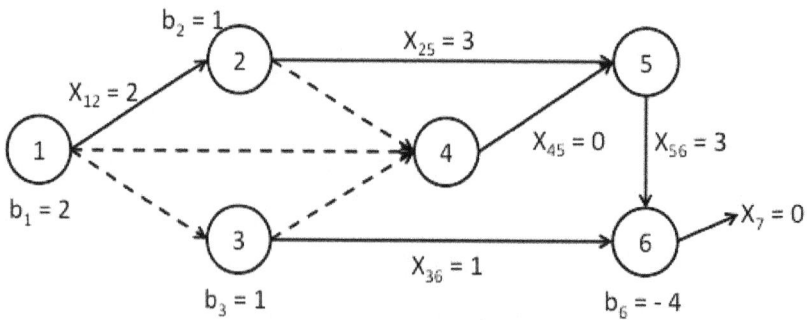

Iteración 2

Paso 1. Calcule las variables duales.

$$w_1 - w_2 = 3$$

$$w_5 = 0$$

$$w_2 - w_5 = 5$$

$$w_1 = 8$$

$$w_2 = 5$$

$$w_3 - w_6 = 6 \quad \Rightarrow \quad w_3 = 5$$

$$w_4 = 4$$

$$w_4 - w_5 = 4$$

$$w_6 = -1$$

$$w_5 - w_6 = 1$$

Paso 2. Calcule los costes reducidos de las variables no básicas.

$$Z_{13} - C_{13} = w_1 - w_3 - C_{13} = 8 - 5 - 5 = -2$$

$$Z_{14} - C_{14} = w_1 - w_4 - C_{14} = 8 - 4 - 5 = -1$$

$$Z_{24} - C_{24} = w_2 - w_4 - C_{24} = 5 - 4 - 4 = -3$$

$$Z_{34} - C_{34} = w_3 - w_4 - C_{34} = 5 - 4 - 3 = -2$$

Paso 3. Determine la variable que debe entrar en la base con el objetivo de mejorar la solución actual.

Ninguna variable no básica puede entrar en la base y mejorar la solución actual dado que los costes reducidos de las variables no básicas son negativos y el problema es de mínimo. La solución hallada es óptima.

Ejercicio 18

Un joven agricultor dispone de 5 hectáreas de terreno para dedicar al cultivo de maíz y centeno, invirtiendo como máximo 800 euros. Entre simiente y abono, el centeno tiene un coste por hectárea sembrada de 50 euros y el maíz de 100 euros. Se conoce que el maíz exige el cuádruple de cuidados que el centeno, siendo la mano de obra disponible por el joven agricultor capaz de trabajar dos hectáreas de maíz. Los ingresos netos previstos son de 600 euros por hectárea de centeno y 1500 euros por hectárea de maíz. Determine:

1. El número de hectáreas de terreno que debe destinar a cada cereal y el ingreso neto total esperado.

2. El rango de valores en el que pueden variar los ingresos netos previstos sin que la superficie sembrada de cada cereal tenga que modificarse para obtener el máximo beneficio.

3. El importe que está dispuesto a pagar por una hectárea adicional de terreno.

4. Si con los recursos monetarios disponibles puede adquirir la hectárea adicional de terreno sí se la ofrecen al precio máximo.

5. Si dispone de suficientes efectivos humanos para cultivar la totalidad de terreno disponible, o si tiene exceso de los mismos.

Solución

1. El número de hectáreas de terreno que debe destinar a cada cereal y el ingreso neto total esperado.

Paso 1. Formule el modelo que le permita determinar las hectáreas de tierra que debe destinar a cada cereal con el objetivo lograr el beneficio máximo.

$$\text{Máx} \left\{ 600\, X_1 + 1500\, X_2 \right\}$$

$$50\, X_1 + 100\, X_2 \leq 800$$

$$1\, X_1 + 1\, X_2 \leq 5$$

$$1\, X_1 + 4\, X_2 \leq 8$$

$$X_i \geq 0$$

Donde X_1 recoge el número de hectáreas destinadas a la producción de centeno y X_2 el número de hectáreas reservadas a la producción de maíz.

Paso 2. Resuelva el modelo.

	Z	X_1	X_2	S_1	S_2	S_3	
Z	1	- 600	- 1500	0	0	0	0
S_1	0	50	100	1	0	0	800
S_2	0	1	1	0	1	0	5
S_3	0	1	4	0	0	1	8

Entra en la base X_2 ya que tiene el coste reducido negativo, y de todos los negativos el mayor. Sale de la base:

$$\text{Min}\left\{\frac{B^{-1}b}{B^{-1}\cdot A_{X_2}}\ ,\ B^{-1}\cdot A_{X_2}>0\right\}=\text{Min}\left\{\frac{800}{100},\frac{5}{1},\frac{8}{4}\right\}=2\ \rightarrow\ S_3$$

	Z	X_1	X_2	S_1	S_2	S_3	
Z	1	- 225	0	0	0	375	3000
S_1	0	25	0	1	0	- 25	600
S_2	0	3/4	0	0	1	- 1/4	3
X_2	0	1/4	1	0	0	1/4	2

Entra en la base X_1 ya que tiene el coste reducido negativo y el modelo es de maximización. Sale de la base:

$$\text{Min}\left\{\frac{B^{-1}b}{B^{-1}\cdot A_{X_1}}\ ,\ B^{-1}\cdot A_{X_1}>0\right\}=\text{Min}\left\{\frac{600}{25},\frac{3}{3/4},\frac{2}{1/4}\right\}=4\ \rightarrow\ S_2$$

	Z	X_1	X_2	S_1	S_2	S_3	
Z	1	0	0	0	300	300	3900
S_1	0	0	0	1	- 100/3	- 50/3	500
X_1	0	1	0	0	4/3	- 1/3	4
X_2	0	0	1	0	- 1/3	1/3	1

Ninguna de las variables no básicas puede entrar en la base y mejorar la solución actual dado que sus costes reducidos son positivos. La solución hallada es óptima. Debe destinar 4 hectáreas a la producción de centeno y 1 a la de maíz, siendo el beneficio de 3.900 euros.

2. **El rango de valores en el que pueden variar los ingresos netos previstos sin que la superficie sembrada de cada cereal tenga que modificarse para obtener el máximo beneficio.**

$$Z_N - C_N = C_B \cdot B^{-1} \cdot N - C_N$$

$$Z_N - C_N = \begin{pmatrix} 0 & 600 + \Delta C_{X1} & 1500 \end{pmatrix} \cdot \begin{bmatrix} -100/3 & -50/3 \\ 4/3 & -1/3 \\ -1/3 & 1/3 \end{bmatrix} - \begin{pmatrix} 0 & 0 \end{pmatrix} \geq 0$$

$$\frac{4}{3} \cdot (600 + \Delta C_{X1}) - \frac{1}{3} \cdot 1500 \geq 0 \quad \Rightarrow \quad 300 + \frac{4}{3} \cdot \Delta C_{X1} \geq 0 \quad \Rightarrow \quad -225 \leq \Delta C_{X1}$$

$$-\frac{1}{3} \cdot (600 + \Delta C_{X1}) + \frac{1}{3} \cdot 1500 \geq 0 \quad \Rightarrow \quad -\frac{1}{3} \cdot \Delta C_{X1} + 300 \geq 0 \quad \Rightarrow \quad \Delta C_{X1} \leq 900$$

$$-225 \leq \Delta C_{X1} \leq 900$$

$$\boxed{375 \leq C_{X1} \leq 1500}$$

$$Z_N - C_N = C_B \cdot B^{-1} \cdot N - C_N$$

$$Z_N - C_N = \begin{pmatrix} 0 & 600 & 1500 + \Delta C_{X2} \end{pmatrix} \cdot \begin{bmatrix} -100/3 & -50/3 \\ 4/3 & -1/3 \\ -1/3 & 1/3 \end{bmatrix} - \begin{pmatrix} 0 & 0 \end{pmatrix} \geq 0$$

$$\frac{4}{3} \cdot 600 - \frac{1}{3} \cdot (1500 + \Delta C_{X2}) \geq 0 \quad \Rightarrow \quad 300 - \frac{1}{3} \cdot \Delta C_{X2} \geq 0 \quad \Rightarrow \quad \Delta C_{X2} \leq 900$$

$$-\frac{1}{3} \cdot 600 + \frac{1}{3} \cdot (1500 + \Delta C_{X2}) \geq 0 \quad \Rightarrow \quad 300 + \frac{1}{3} \cdot \Delta C_{X2} \geq 0 \quad \Rightarrow \quad -900 \leq \Delta C_{X2}$$

$$-900 \leq \Delta C_{X2} \leq 900$$

$$\boxed{600 \leq C_{X2} \leq 2400}$$

3. **El importe que está dispuesto a pagar por una hectárea adicional de terreno.**

$$Z = C_B \cdot X_B = C_B \cdot B^{-1} \cdot b \quad \Rightarrow \quad \frac{\partial z}{\partial b} = C_B \cdot B^{-1} = w$$

$$\frac{\partial z}{\partial b_2} = C_B \cdot B^{-1} = w_{S_2} = 300$$

El beneficio añadido que aporta la adquisición de una hectárea adicional de terreno es de 300 euros. Estaría pues dispuesto a pagar como máximo 300 euros por una hectárea adicional de terreno.

4. Determine si con los recursos monetarios disponibles puede adquirir la hectárea adicional de terreno si se la ofrecen al precio máximo.

La primera de las restricciones se corresponde con la limitación presupuestaria de los 800 euros disponibles para llevar a cabo la inversión. La variable de holgura de dicha restricción tiene un valor de 500 euros ($S_1 = 500$), lo que indica que de los 800 euros ha invertido 300 euros y le quedan 500 euros disponibles. Con estos 500 euros puede adquirir una hectárea adicional al precio de 300 euros. La nueva solución sería:

$$X_B = B^{-1} \cdot b = \begin{bmatrix} 1 & -100/3 & -50/3 \\ 0 & 4/3 & -1/3 \\ 0 & -1/3 & 1/3 \end{bmatrix} \cdot \begin{bmatrix} 800 \\ 6 \\ 8 \end{bmatrix} = \begin{bmatrix} 1400/3 \\ 16/3 \\ 2/3 \end{bmatrix}$$

$$Z = C_B \cdot X_B = \begin{pmatrix} 0 & 600 & 1500 \end{pmatrix} \cdot \begin{bmatrix} 1400/3 \\ 16/3 \\ 2/3 \end{bmatrix} = 4200$$

Efectivamente, el beneficio que aporta la adquisición de una hectárea adicional de terreno es de 300 euros (4200 - 3900 = 300). La nueva solución emplea 5,33 hectáreas en la producción de centeno y 0,67 en la de maíz, siendo el beneficio de 4.200 euros.

5. Determine si dispone de suficientes efectivos humanos para cultivar la totalidad de terreno disponible, o si tiene exceso de los mismos.

La tercera de las restricciones hace referencia a los efectivos humanos disponibles para el cultivo. La variable de holgura de dicha restricción tiene un valor de 0 ($S_3 = 0$), lo que evidencia que se emplean todos los recursos humanos disponibles.

Así mismo, la segunda restricción acredita que se cultiva la totalidad del terreno disponible (5 hectáreas), dado que la variable de holgura de dicha restricción tiene un valor de 0 ($S_2 = 0$).

Ejercicio 19

En el ejercicio anterior ha hallado el rango de valores en el que pueden variar los ingresos netos previstos sin que se modifique la solución óptima, resultando el intervalo:

$$- 225 \leq \Delta C_{X1} \leq 900 \text{ para la variable } X_1 \text{ y}$$

$$- 900 \leq \Delta C_{X2} \leq 900 \text{ para } X_2.$$

1. Si bien no se modifica el valor de las variables, sí se produce una variación en el valor óptimo. Determine dicho cambio.

2. Si el cambio se produjera en el coeficiente de la función objetivo de una variable no básica, indique cómo se vería afectado el valor óptimo.

Solución

1. Si bien no se modifica el valor de las variables, sí se produce una variación en el valor óptimo. Determine dicho cambio.

$$Z = C_B \cdot X_B = \begin{pmatrix} 0 & 600 + \Delta C_{X1} & 1500 \end{pmatrix} \cdot \begin{bmatrix} 500 \\ 4 \\ 1 \end{bmatrix} = 3900 + (4 \cdot \Delta C_{X1})$$

$$\boxed{3000 \leq Z \leq 7500}$$

$$Z = C_B \cdot X_B = \begin{pmatrix} 0 & 600 & 1500 + \Delta C_{X2} \end{pmatrix} \cdot \begin{bmatrix} 500 \\ 4 \\ 1 \end{bmatrix} = 3900 + \Delta C_{X2}$$

$$\boxed{3000 \leq Z \leq 4800}$$

2. Si el cambio se produjera en el coeficiente de la función objetivo de una variable no básica, indique cómo se vería afectado el valor óptimo.

Si cambia el coeficiente de la función objetivo de una variable no básica, sólo afecta al coste reducido de la misma.

$$z_j - c_j = c_B \cdot B^{-1} \cdot A_j - \left(c_j + \Delta c_j \right)$$

No se modifica el valor óptimo.

$$Z = c_B \cdot X_B = c_B \cdot B^{-1} \cdot b$$

Ejercicio 20

Resuelva la red de flujo con coste mínimo de la figura. Siendo los costes unitarios $C_{12}=3$, $C_{14}=4$, $C_{23}=5$, $C_{42}=-1$, $C_{43}=4$.

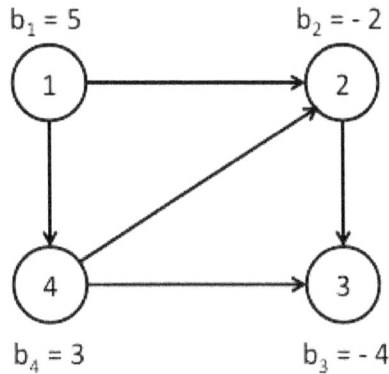

Solución

La oferta no se corresponde con la demanda.

$$\text{Oferta} = 8 \quad \neq \quad \text{Demanda} = 6$$

Debe añadir un nodo cuyo requerimiento sea igual a la demanda de 2 unidades, siendo nulos los costes unitarios de los arcos que inciden en dicho nodo.

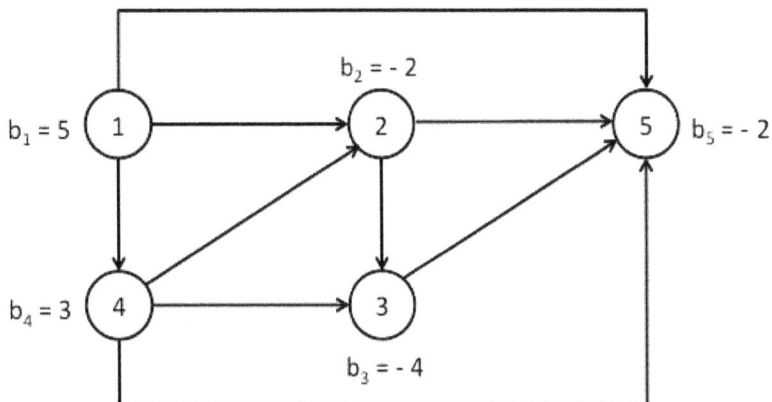

FASE 1

Solución inicial mediante variables artificiales

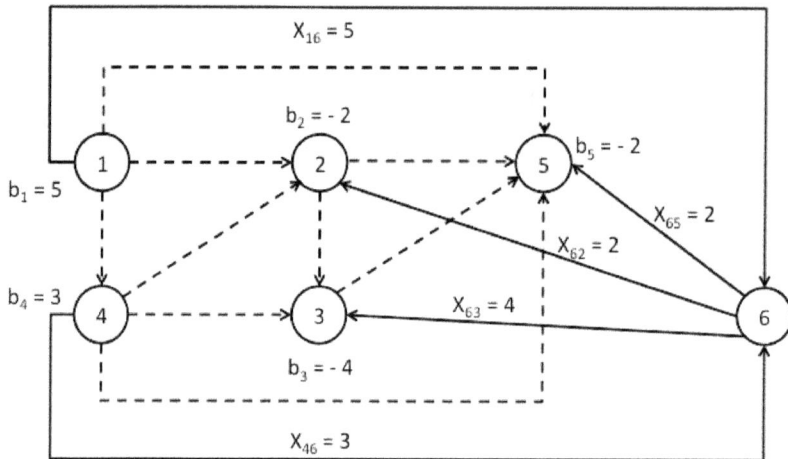

Iteración 1

Paso 1. Calcule las variables duales.

$$w_1 - w_6 = 1$$

$$w_6 = 0$$

$$w_6 - w_2 = 1$$

$$w_1 = 1$$

$$w_2 = -1$$

$$w_6 - w_3 = 1 \qquad \Rightarrow$$

$$w_3 = -1$$

$$w_4 = 1$$

$$w_4 - w_6 = 1$$

$$w_5 = -1$$

$$w_6 - w_5 = 1$$

Paso 2. Calcule los costes reducidos de las variables no básicas.

$$Z_{12} - C_{12} = w_1 - w_2 - C_{12} = 1 - (-1) - 0 = 2$$

$$Z_{14} - C_{14} = w_1 - w_4 - C_{14} = 1 - 1 - 0 = 0$$

$$Z_{15} - C_{15} = w_1 - w_5 - C_{15} = 1 - (-1) - 0 = 2$$

$$Z_{23} - C_{23} = w_2 - w_3 - C_{23} = (-1) - (-1) - 0 = 0$$

$$Z_{25} - C_{25} = w_2 - w_5 - C_{25} = (-1) - (-1) - 0 = 0$$

$$Z_{35} - C_{35} = w_3 - w_5 - C_{35} = (-1) - (-1) - 0 = 0$$

$$Z_{42} - C_{42} = w_4 - w_2 - C_{42} = 1 - (-1) - 0 = 2$$

$$Z_{43} - C_{43} = w_4 - w_3 - C_{43} = 1 - (-1) - 0 = 2$$

$$Z_{45} - C_{45} = w_4 - w_5 - C_{45} = 1 - (-1) - 0 = 2$$

Paso 3. Determine la variable que debe entrar en la base con el objetivo de mejorar la solución actual.

Indistintamente puede entrar en la base X_{12}, X_{15}, X_{42}, X_{43} y X_{45} ya que todas tienen el coste reducido positivo y del mismo valor. Se elige X_{42} para entrar en la base.

Paso 4. Determine la variable que debe salir de la base.

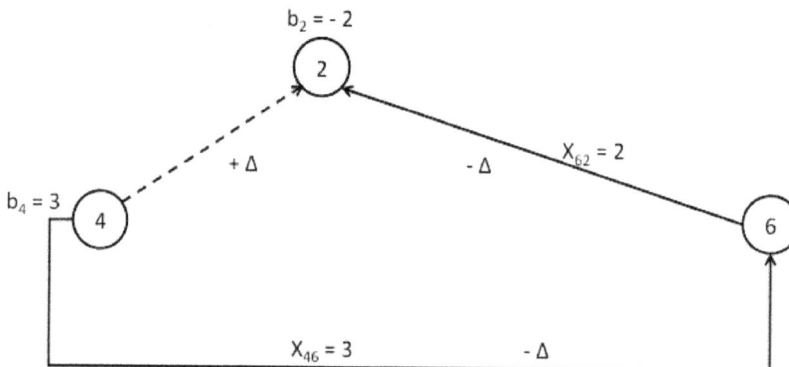

$$\text{Mín}\{2 \quad 3\} = 2 \quad \rightarrow \quad \text{Sale } X_{62}$$

Paso 5. Evalúe la nueva solución.

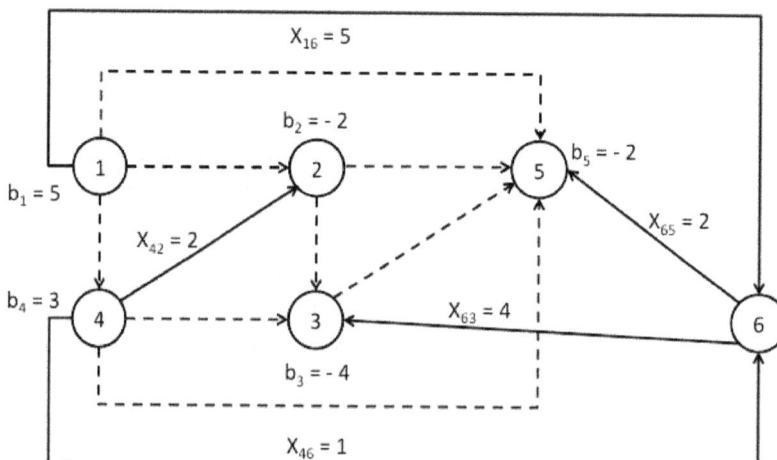

Iteración 2

Paso 1. Calcule las variables duales.

$$w_1 - w_6 = 1$$

$$w_4 - w_2 = 0$$

$$w_6 - w_3 = 1 \quad \Rightarrow$$

$$w_4 - w_6 = 1$$

$$w_6 - w_5 = 1$$

$$w_6 = 0$$

$$w_1 = 1$$

$$w_2 = 1$$

$$w_3 = -1$$

$$w_4 = 1$$

$$w_5 = -1$$

Paso 2. Calcule los costes reducidos de las variables no básicas.

$$Z_{12} - C_{12} = w_1 - w_2 - C_{12} = 1 - 1 - 0 = 0$$

$$Z_{14} - C_{14} = w_1 - w_4 - C_{14} = 1 - 1 - 0 = 0$$

$$Z_{15} - C_{15} = w_1 - w_5 - C_{15} = 1 - (-1) - 0 = 2$$

$$Z_{23} - C_{23} = w_2 - w_3 - C_{23} = 1 - (-1) - 0 = 2$$

$$Z_{25} - C_{25} = w_2 - w_5 - C_{25} = 1 - (-1) - 0 = 2$$

$$Z_{35} - C_{35} = w_3 - w_5 - C_{35} = (-1) - (-1) - 0 = 0$$

$$Z_{43} - C_{43} = w_4 - w_3 - C_{43} = 1 - (-1) - 0 = 2$$

$$Z_{45} - C_{45} = w_4 - w_5 - C_{45} = 1 - (-1) - 0 = 2$$

Paso 3. Determine la variable que debe entrar en la base con el objetivo de mejorar la solución actual.

Indistintamente puede entrar en la base X_{15}, X_{23}, X_{25}, X_{43} y X_{45} ya que todas tienen el coste reducido positivo y del mismo valor. Se elige X_{43} para entrar en la base.

Paso 4. Determine la variable que debe salir de la base.

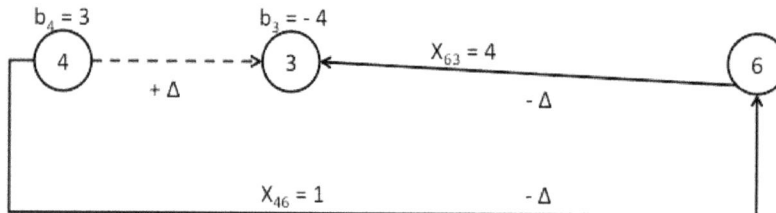

$$\text{Mín}\{4 \quad 1\} = 1 \quad \rightarrow \quad \text{Sale } X_{46}$$

Paso 5. Evalúe la nueva solución.

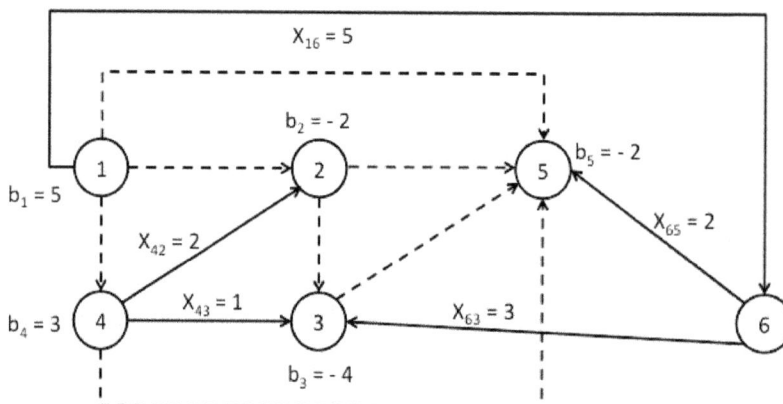

Iteración 3

Paso 1. Calcule las variables duales.

$$w_1 - w_6 = 1$$

$$w_6 = 0$$

$$w_4 - w_2 = 0$$

$$w_1 = 1$$

$$w_2 = -1$$

$$w_4 - w_3 = 0 \quad \Rightarrow$$

$$w_3 = -1$$

$$w_4 = -1$$

$$w_6 - w_3 = 1$$

$$w_5 = -1$$

$$w_6 - w_5 = 1$$

Paso 2. Calcule los costes reducidos de las variables no básicas.

$$Z_{12} - C_{12} = w_1 - w_2 - C_{12} = 1 - (-1) - 0 = 2$$

$$Z_{14} - C_{14} = w_1 - w_4 - C_{14} = 1 - (-1) - 0 = 2$$

$$Z_{15} - C_{15} = w_1 - w_5 - C_{15} = 1 - (-1) - 0 = 2$$

$$Z_{23} - C_{23} = w_2 - w_3 - C_{23} = (-1) - (-1) - 0 = 0$$

$$Z_{25} - C_{25} = w_2 - w_5 - C_{25} = (-1) - (-1) - 0 = 0$$

$$Z_{35} - C_{35} = w_3 - w_5 - C_{35} = (-1) - (-1) - 0 = 0$$

$$Z_{45} - C_{45} = w_4 - w_5 - C_{45} = (-1) - (-1) - 0 = 0$$

Paso 3. Determine la variable que debe entrar en la base con el objetivo de mejorar la solución actual.

Indistintamente puede entrar en la base X_{12}, X_{14} y X_{15} ya que todas tienen el coste reducido positivo y del mismo valor. Se elige X_{15} para entrar en la base.

Paso 4. Determine la variable que debe salir de la base.

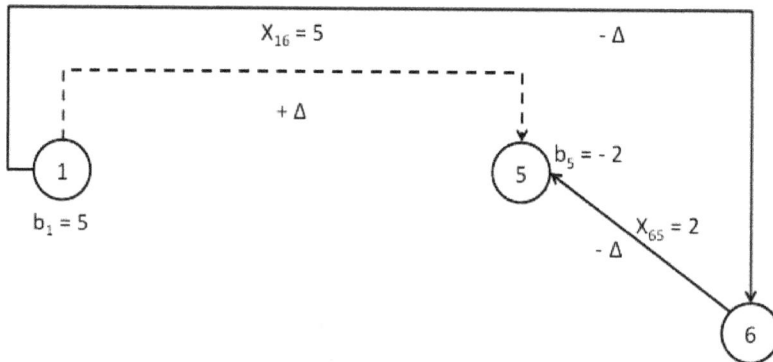

$$\text{Mín}\{2 \quad 5\} = 2 \quad \rightarrow \quad \text{Sale } X_{65}$$

Paso 5. Evalúe la nueva solución.

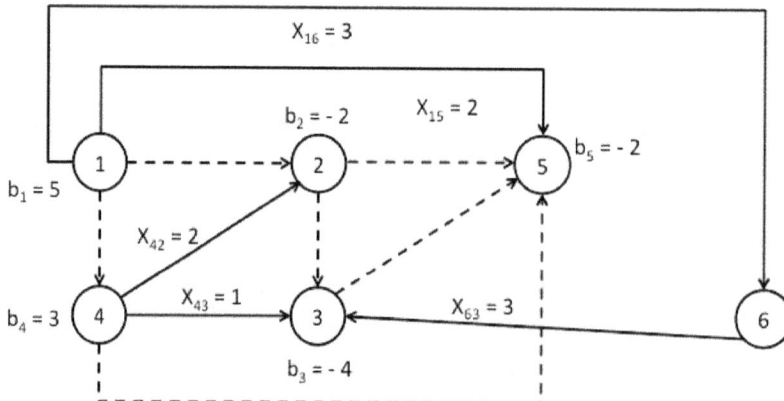

Iteración 4

Paso 1. Calcule las variables duales.

$$w_1 - w_6 = 1$$

$$w_6 = 0$$

$$w_4 - w_2 = 0$$

$$w_1 = 1$$

$$w_2 = -1$$

$$w_4 - w_3 = 0 \quad \Rightarrow$$

$$w_3 = -1$$

$$w_4 = -1$$

$$w_6 - w_3 = 1$$

$$w_5 = 1$$

$$w_1 - w_5 = 0$$

Paso 2. Calcule los costes reducidos de las variables no básicas.

$$Z_{12} - C_{12} = w_1 - w_2 - C_{12} = 1 - (-1) - 0 = 2$$

$$Z_{14} - C_{14} = w_1 - w_4 - C_{14} = 1 - (-1) - 0 = 2$$

$$Z_{23} - C_{23} = w_2 - w_3 - C_{23} = (-1) - (-1) - 0 = 0$$

$$Z_{25} - C_{25} = w_2 - w_5 - C_{25} = (-1) - 1 - 0 = -2$$

$$Z_{35} - C_{35} = w_3 - w_5 - C_{35} = (-1) - 1 - 0 = -2$$

$$Z_{45} - C_{45} = w_4 - w_5 - C_{45} = (-1) - 1 - 0 = -2$$

Paso 3. Determine la variable que debe entrar en la base con el objetivo de mejorar la solución actual.

Indistintamente puede entrar en la base X_{12} y X_{14} ya que ambas tienen el coste reducido positivo y del mismo valor. Se elige X_{14} para entrar en la base.

Paso 4. Determine la variable que debe salir de la base.

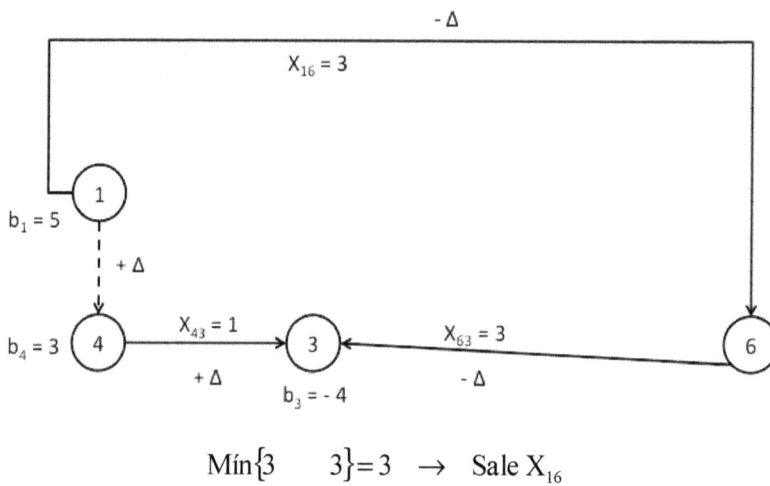

$$\text{Mín}\{3 \quad 3\} = 3 \quad \rightarrow \quad \text{Sale } X_{16}$$

Paso 5. Evalúe la nueva solución.

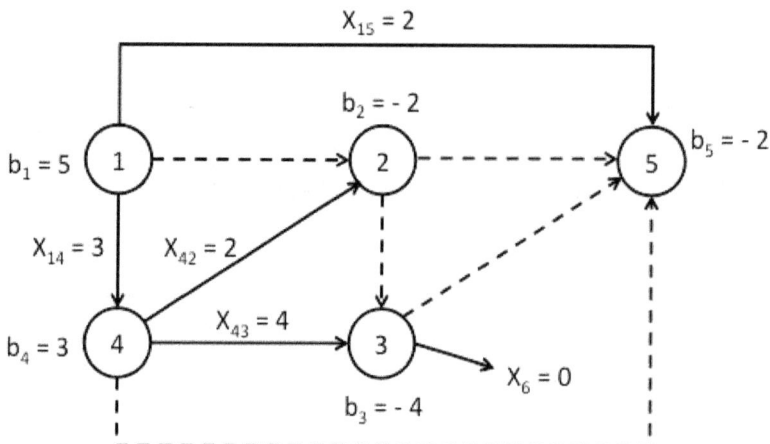

FASE 2

Iteración 1

Paso 1. Calcule las variables duales.

$$w_1 - w_4 = 4$$

$$w_5 = 0$$

$$w_1 - w_5 = 0 \qquad\qquad w_1 = 0$$

$$\Rightarrow \quad w_2 = -3$$

$$w_4 - w_2 = -1 \qquad\qquad w_3 = -8$$

$$w_4 = -4$$

$$w_4 - w_3 = 4$$

Paso 2. Calcule los costes reducidos de las variables no básicas.

$$Z_{12} - C_{12} = w_1 - w_2 - C_{12} = 0 - (-3) - 3 = 0$$

$$Z_{23} - C_{23} = w_2 - w_3 - C_{23} = (-3) - (-3) - 5 = -5$$

$$Z_{25} - C_{25} = w_2 - w_5 - C_{25} = (-3) - 0 - 0 = -3$$

$$Z_{35} - C_{35} = w_3 - w_5 - C_{35} = (-8) - 0 - 0 = -8$$

$$Z_{45} - C_{45} = w_4 - w_5 - C_{45} = (-4) - 0 - 0 = -4$$

Paso 3. Determine la variable que debe entrar en la base con el objetivo de mejorar la solución actual.

Ninguna variable no básica puede entrar en la base y mejorar la solución actual dado que los costes reducidos de las variables no básicas son negativos y el problema es de mínimo. La solución hallada es óptima.

La existencia de una variable no básica X_{12} con su coste reducido nulo refleja la existencia soluciones múltiples. Dicha variable puede entrar en la base manteniendo el valor óptimo de la función objetivo. En la solución alternativa la variable X_{12} entra en la base con un flujo de 2 unidades, la variable X_{42} sale de la base y la variable X_{14} ve reducido su valor de 3 unidades a 1.

Ejercicio 21

La tabla siguiente recoge

- El número máximo de pasajeros (capacidad).

- El número de aviones disponibles de cada tipo.

- El número de vuelos diarios que cada avión puede hacer en una ruta determinada.

- El número esperado de clientes diarios en cada ruta.

Tipo de avión	Capacidad	Número de aviones	Número posible de vuelos diarios de un avión en cada ruta			
			1	2	3	4
A	100	5	2	3	1	2
B	300	5	5	2	4	1
C	200	10	4	6	3	3
Número diario de clientes			800	1600	800	1000

El coste de penalización por no atender a un cliente y los costes operativos por viaje, en cada una de las rutas, se indican en la tabla.

Tipo de avión	Coste operativo/viaje en cada ruta			
	1	2	3	4
A	500	600	800	900
B	1500	1800	2000	2100
C	1000	1200	1400	1500
Coste de penalización por cliente	5	10	8	15

Halle la asignación de los distintos tipos de aviones a las rutas que minimice el coste total.

Solución

Paso 1. Defina las variables

$X_{i,j} \rightarrow$ Número de aviones del tipo i (A, B, C) asignados a la ruta j (1, 2, 3 ó 4).

Paso 2. Evalúe los costes operativos de funcionamiento por viaje en cada ruta.

$$\text{Coste Ruta 1} \quad \rightarrow \quad C_{F1} = 500\, X_{A,1} + 1500\, X_{B,1} + 1000\, X_{C,1}$$

$$\text{Coste Ruta 2} \quad \rightarrow \quad C_{F2} = 600\, X_{A,2} + 1800\, X_{B,2} + 1200\, X_{C,2}$$

$$\text{Coste Ruta 3} \quad \rightarrow \quad C_{F3} = 800\, X_{A,3} + 2000\, X_{B,3} + 1400\, X_{C,3}$$

$$\text{Coste Ruta 4} \quad \rightarrow \quad C_{F4} = 900\, X_{A,4} + 2100\, X_{B,4} + 1500\, X_{C,4}$$

Paso 3. Evalúe los costes de penalización por cliente en cada ruta.

$$\text{Coste Ruta 1} \quad \rightarrow \quad C_{P1} = \left(800 - 100\, X_{A,1} - 300\, X_{B,1} - 200\, X_{C,1}\right) \times 5$$

$$\text{Coste Ruta 2} \quad \rightarrow \quad C_{P2} = \left(1600 - 100\, X_{A,2} - 300\, X_{B,2} - 200\, X_{C,2}\right) \times 10$$

$$\text{Coste Ruta 3} \quad \rightarrow \quad C_{P3} = \left(800 - 100\, X_{A,3} - 300\, X_{B,3} - 200\, X_{C,3}\right) \times 8$$

$$\text{Coste Ruta 4} \quad \rightarrow \quad C_{P4} = \left(1000 - 100\, X_{A,4} - 300\, X_{B,4} - 200\, X_{C,4}\right) \times 15$$

Paso 4. Formule el modelo que le permita alcanzar el coste mínimo.

$$\text{Mín} \left\{ C_{F1} + C_{F2} + C_{F3} + C_{F4} + C_{P1} + C_{P2} + C_{P3} + C_{P4} \right\}$$

Disponibilidad de cada tipo de avión:

$$\sum_{i=1}^{4} X_{A,i} \leq 5 \qquad \sum_{i=1}^{4} X_{B,i} \leq 5 \qquad \sum_{i=1}^{4} X_{C,i} \leq 10$$

Vuelos diarios de cada tipo de avión en una ruta:

$$X_{A,1} \leq 2 \qquad X_{A,2} \leq 3 \qquad X_{A,3} \leq 1 \qquad X_{A,4} \leq 2$$

$$X_{B,1} \leq 5 \qquad X_{B,2} \leq 2 \qquad X_{B,3} \leq 4 \qquad X_{B,4} \leq 1$$

$$X_{C,1} \leq 4 \qquad X_{C,2} \leq 6 \qquad X_{C,3} \leq 3 \qquad X_{C,4} \leq 3$$

Disponibilidad de plazas:

$$100\,X_{A,1} + 300\,X_{B,1} + 200\,X_{C,1} \leq 800$$

$$100\,X_{A,2} + 300\,X_{B,2} + 200\,X_{C,2} \leq 1600$$

$$100\,X_{A,3} + 300\,X_{B,3} + 200\,X_{C,3} \leq 800$$

$$100\,X_{A,4} + 300\,X_{B,4} + 200\,X_{C,4} \leq 1000$$

Variables enteras:

$$X_{i,j} \text{ entera}$$

Paso 5. Resuelva el modelo.

Mediante la aplicación de cualquier software de programación lineal se llega a la solución óptima que recoge la tabla siguiente.

Variable	Valor
S_1	3
S_2	1
S_3	1
S_4	2
S_5	3
S_6	1
$X_{A,4}$	2
S_8	5
$X_{B,2}$	2
S_{10}	2
S_{11}	1
S_{12}	4
S_{13}	1
S_{14}	2
$X_{C,4}$	3
S_{16}	800
$X_{C,2}$	5
$X_{C,3}$	1
S_{19}	200
$X_{B,3}$	2
Z=23.200 euros	

La solución óptima pasa por asignar:

- Dos aviones del tipo A a la ruta 4

- Cuatro aviones tipo B, dos a la ruta 2 y otros dos a la ruta 3

- Nueve aviones tipo C, cinco a la ruta 2, uno a la ruta 3 y tres a la 4.

Resultando un coste de 23.200 euros.

Ejercicio 22

Dado el programa lineal:

$$\text{Máx} \left\{ 600\,X_1 + 1500\,X_2 \right\}$$

$$50\,X_1 + 100\,X_2 \leq 800$$

$$1\,X_1 + 1\,X_2 \leq 5$$

$$1\,X_1 + 4\,X_2 \leq 8$$

$$X_i \geq 0$$

Cuya solución óptima viene dada en la tabla.

	Z	X_1	X_2	S_1	S_2	S_3	
Z	1	0	0	0	300	300	3900
S_1	0	0	0	1	- 100/3	- 50/3	500
X_1	0	1	0	0	4/3	- 1/3	4
X_2	0	0	1	0	- 1/3	1/3	1

Formalice un análisis paramétrico del coeficiente de la variable X_1 en la forma $c_1 = 600 + 2\lambda$.

Solución

$$z_j - c_j = (c_B + \Delta c_B) \cdot B^{-1} \cdot N - c_j$$

$$z_{S_2} - c_{S_2} = (0 \quad 600 + 2 \cdot \lambda \quad 1500) \cdot \begin{bmatrix} -100/3 \\ 4/3 \\ -1/3 \end{bmatrix} - 0$$

$$z_{S_2} - c_{S_2} = \frac{2400}{3} + \frac{8}{3} \cdot \lambda - \frac{1500}{3} - 0 = \frac{900}{3} + \frac{8}{3} \cdot \lambda$$

$$\frac{900}{3} + \frac{8}{3} \cdot \lambda \leq 0 \quad \Rightarrow \quad \lambda \leq -112,5$$

Si el coeficiente de la función objetivo de la variable básica X_1 que en la actualidad tiene un valor de 600 unidades, incrementa su valor en $2\lambda = 2 \times (-112,5) = -225$ unidades, la variable S_2 entrará en la base.

$$z_{S_3} - c_{S_3} = (0 \quad 600 + 2 \cdot \lambda \quad 1500) \cdot \begin{bmatrix} -50/3 \\ -1/3 \\ 1/3 \end{bmatrix} - 0$$

$$z_{S_3} - c_{S_3} = -\frac{600}{3} - \frac{2}{3} \cdot \lambda + \frac{1500}{3} - 0 = \frac{900}{3} - \frac{2}{3} \cdot \lambda$$

$$\frac{900}{3} - \frac{2}{3} \cdot \lambda \leq 0 \quad \Rightarrow \quad \lambda \geq 450$$

Si el coeficiente de la función objetivo de la variable básica X_1 que en la actualidad tiene un valor de 600 unidades, incrementa su valor en 2 λ = 2 x 450 = 900 unidades, la variable S_3 entrará en la base.

$$\boxed{-112,5 < \lambda < 450}$$

Para valores de λ en el rango anterior, la solución actual sigue siendo óptima. Para valores de λ mayores o igual a 450, entra en la base la variable S_3 y para valores de λ menores o igual a -112,5 entra en la base la variable S_2.

Ejercicio 23

Resuelva la red de flujo con coste mínimo de la figura. Siendo los costes unitarios $C_{12}=3$, $C_{13}=4$, $C_{23}=1$, $C_{24}=3$, $C_{34}=-2$.

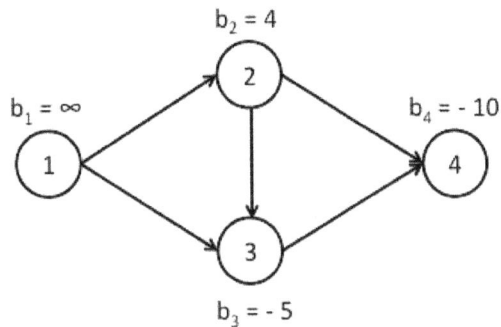

Solución

La oferta no se corresponde con la demanda.

$$\text{Oferta} = \infty \quad \neq \quad \text{Demanda} = 15$$

Debe añadir un nodo cuyo requerimiento sea igual a la demanda de ∞ unidades, siendo nulos los costes unitarios de los arcos que inciden en dicho nodo.

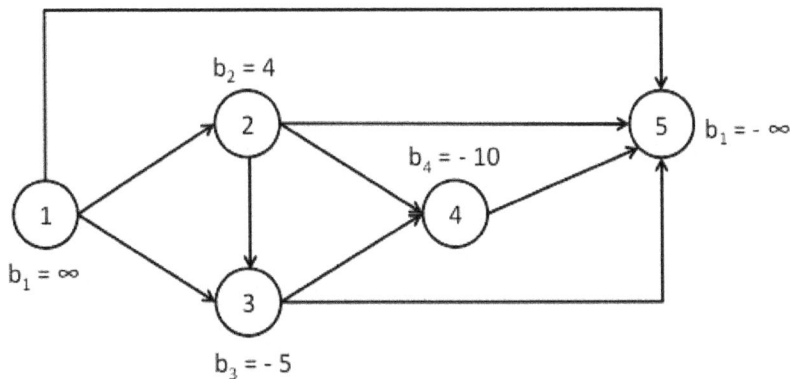

FASE 1

Solución inicial mediante variables artificiales

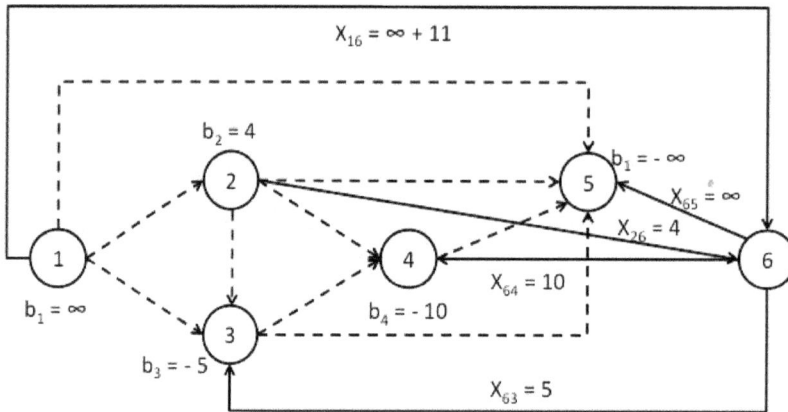

Iteración 1

Paso 1. Calcule las variables duales.

$$w_1 - w_6 = 1$$

$$w_2 - w_6 = 1$$

$$w_6 - w_3 = 1 \qquad \Rightarrow$$

$$w_6 - w_4 = 1$$

$$w_6 - w_5 = 1$$

$$w_6 = 0$$

$$w_2 = 1$$

$$w_4 = -1$$

$$w_1 = 1$$

$$w_3 = -1$$

$$w_5 = -1$$

Paso 2. Calcule los costes reducidos de las variables no básicas.

$$Z_{12} - C_{12} = w_1 - w_2 - C_{12} = 1 - 1 - 0 = 0$$

$$Z_{13} - C_{13} = w_1 - w_3 - C_{13} = 1 - (-1) - 0 = 2$$

$$Z_{15} - C_{15} = w_1 - w_5 - C_{15} = 1 - (-1) - 0 = 2$$

$$Z_{23} - C_{23} = w_2 - w_3 - C_{23} = 1 - (-1) - 0 = 2$$

$$Z_{24} - C_{24} = w_2 - w_4 - C_{24} = 1 - (-1) - 0 = 2$$

$$Z_{25} - C_{25} = w_2 - w_5 - C_{25} = 1 - (-1) - 0 = 2$$

$$Z_{34} - C_{34} = w_3 - w_4 - C_{34} = (-1) - (-1) - 0 = 0$$

$$Z_{35} - C_{35} = w_3 - w_5 - C_{35} = (-1) - (-1) - 0 = 0$$

$$Z_{45} - C_{45} = w_4 - w_5 - C_{45} = (-1) - (-1) - 0 = 0$$

Paso 3. Determine la variable que debe entrar en la base con el objetivo de mejorar la solución actual.

Indistintamente puede entrar en la base X_{13}, X_{15}, X_{23}, X_{24} y X_{25} ya que todas tienen el coste reducido positivo y del mismo valor. Se elige X_{15} para entrar en la base.

Paso 4. Determine la variable que debe salir de la base.

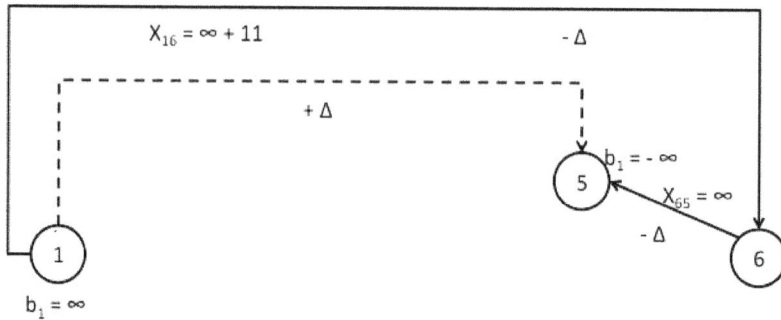

$$\text{Mín}\{\infty \quad \infty + 11\} = \infty \quad \rightarrow \quad \text{Sale } X_{65}$$

Paso 5. Evalúe la nueva solución.

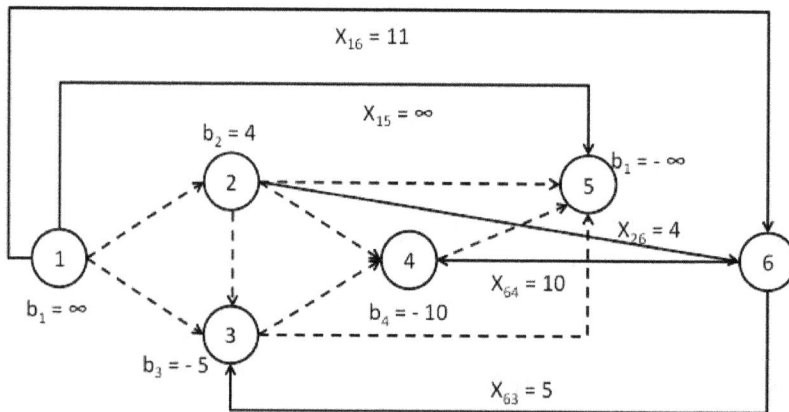

Iteración 2

Paso 1. Calcule las variables duales.

$$w_1 - w_6 = 1$$

$$w_1 - w_5 = 0$$

$$w_2 - w_6 = 1 \quad \Rightarrow$$

$$w_6 - w_3 = 1$$

$$w_6 - w_4 = 1$$

$$w_6 = 0$$

$$w_1 = 1$$

$$w_2 = 1$$

$$w_3 = -1$$

$$w_4 = -1$$

$$w_5 = 1$$

Paso 2. Calcule los costes reducidos de las variables no básicas.

$$Z_{12} - C_{12} = w_1 - w_2 - C_{12} = 1 - 1 - 0 = 0$$

$$Z_{13} - C_{13} = w_1 - w_3 - C_{13} = 1 - (-1) - 0 = 2$$

$$Z_{23} - C_{23} = w_2 - w_3 - C_{23} = 1 - (-1) - 0 = 2$$

$$Z_{24} - C_{24} = w_2 - w_4 - C_{24} = 1 - (-1) - 0 = 2$$

$$Z_{25} - C_{25} = w_2 - w_5 - C_{25} = 1 - 1 - 0 = 0$$

$$Z_{34} - C_{34} = w_3 - w_4 - C_{34} = (-1) - (-1) - 0 = 0$$

$$Z_{35} - C_{35} = w_3 - w_5 - C_{35} = (-1) - 1 - 0 = -2$$

$$Z_{45} - C_{45} = w_4 - w_5 - C_{45} = (-1) - 1 - 0 = -2$$

Paso 3. Determine la variable que debe entrar en la base con el objetivo de mejorar la solución actual.

Indistintamente puede entrar en la base X_{13}, X_{23} y X_{24} ya que todas tienen el coste reducido positivo y del mismo valor. Se elige X_{13} para entrar en la base.

Paso 4. Determine la variable que debe salir de la base.

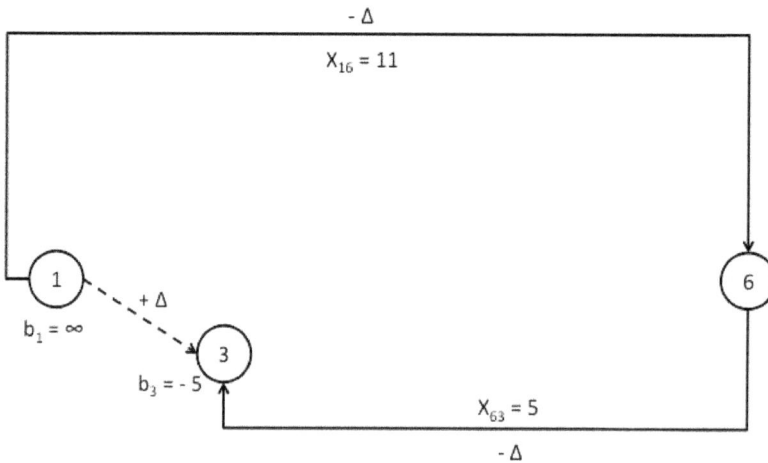

$$\text{Mín}\{5 \quad 11\} = 5 \quad \rightarrow \quad \text{Sale } X_{63}$$

Paso 5. Evalúe la nueva solución.

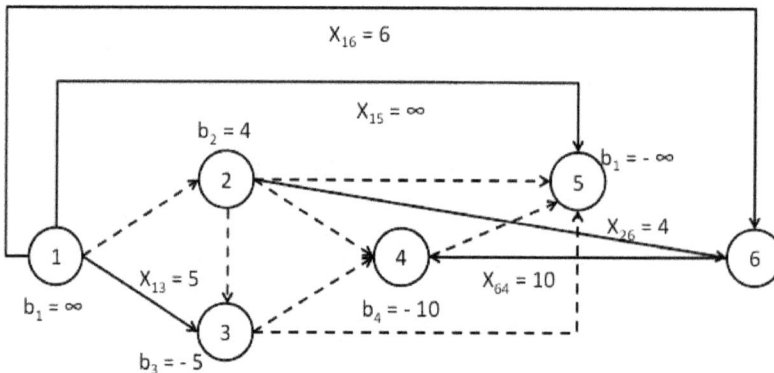

Iteración 3

Paso 1. Calcule las variables duales.

$$w_1 - w_3 = 0$$

$$w_6 = 0$$

$$w_1 - w_5 = 0$$

$$w_1 = 1$$

$$w_2 = 1$$

$$w_1 - w_6 = 1 \quad \Rightarrow$$

$$w_3 = 1$$

$$w_4 = -1$$

$$w_2 - w_6 = 1$$

$$w_5 = 1$$

$$w_6 - w_4 = 1$$

Paso 2. Calcule los costes reducidos de las variables no básicas.

$$Z_{12} - C_{12} = w_1 - w_2 - C_{12} = 1 - 1 - 0 = 0$$

$$Z_{23} - C_{23} = w_2 - w_3 - C_{23} = 1 - 1 - 0 = 0$$

$$Z_{24} - C_{24} = w_2 - w_4 - C_{24} = 1 - (-1) - 0 = 2$$

$$Z_{25} - C_{25} = w_2 - w_5 - C_{25} = 1 - 1 - 0 = 0$$

$$Z_{34} - C_{34} = w_3 - w_4 - C_{34} = 1 - (-1) - 0 = 2$$

$$Z_{35} - C_{35} = w_3 - w_5 - C_{35} = 1 - 1 - 0 = 0$$

$$Z_{45} - C_{45} = w_4 - w_5 - C_{45} = (-1) - 1 - 0 = -2$$

Paso 3. Determine la variable que debe entrar en la base con el objetivo de mejorar la solución actual.

Indistintamente puede entrar en la base X_{24} y X_{34} ya que ambas tienen el coste reducido positivo y del mismo valor. Se elige X_{34} para entrar en la base.

Paso 4. Determine la variable que debe salir de la base.

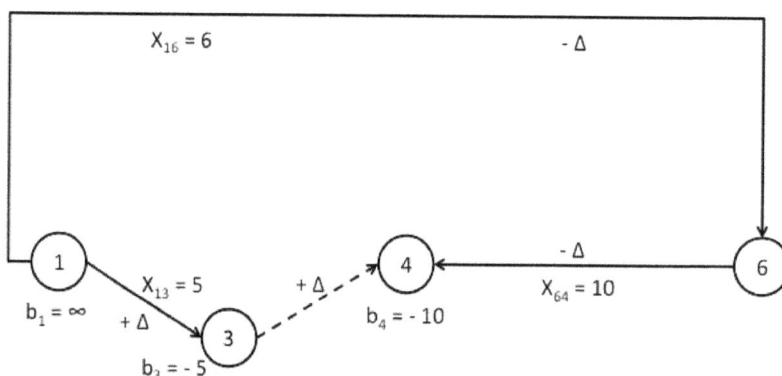

$$\text{Mín}\{10 \quad 6\} = 6 \quad \rightarrow \quad \text{Sale } X_{16}$$

Paso 5. Evalúe la nueva solución.

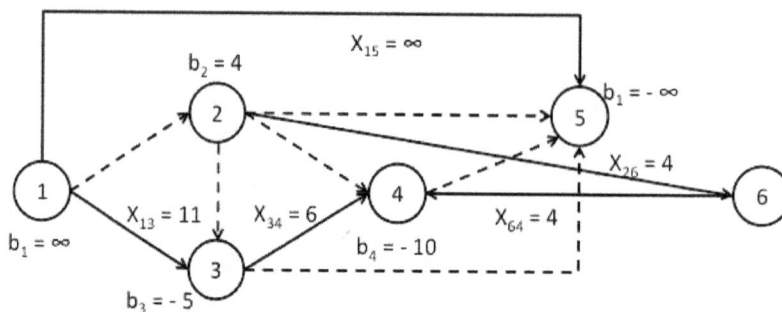

Iteración 3

Paso 1. Calcule las variables duales.

$$w_1 - w_3 = 0$$

$$w_6 = 0$$

$$w_1 - w_5 = 0$$

$$w_1 = -1$$

$$w_2 = 1$$

$$w_2 - w_6 = 1 \quad \Rightarrow$$

$$w_3 = -1$$

$$w_4 = -1$$

$$w_3 - w_4 = 0$$

$$w_5 = -1$$

$$w_6 - w_4 = 1$$

Paso 2. Calcule los costes reducidos de las variables no básicas.

$$Z_{12} - C_{12} = w_1 - w_2 - C_{12} = (-1) - 1 - 0 = -2$$

$$Z_{23} - C_{23} = w_2 - w_3 - C_{23} = 1 - (-1) - 0 = 2$$

$$Z_{24} - C_{24} = w_2 - w_4 - C_{24} = 1 - (-1) - 0 = 2$$

$$Z_{25} - C_{25} = w_2 - w_5 - C_{25} = 1 - (-1) - 0 = 2$$

$$Z_{35} - C_{35} = w_3 - w_5 - C_{35} = (-1) - (-1) - 0 = 0$$

$$Z_{45} - C_{45} = w_4 - w_5 - C_{45} = (-1) - (-1) - 0 = 0$$

Paso 3. Determine la variable que debe entrar en la base con el objetivo de mejorar la solución actual.

Indistintamente puede entrar en la base X_{23}, X_{24} y X_{25} ya que todas tienen el coste reducido positivo y del mismo valor. Se elige X_{23} para entrar en la base.

Paso 4. Determine la variable que debe salir de la base.

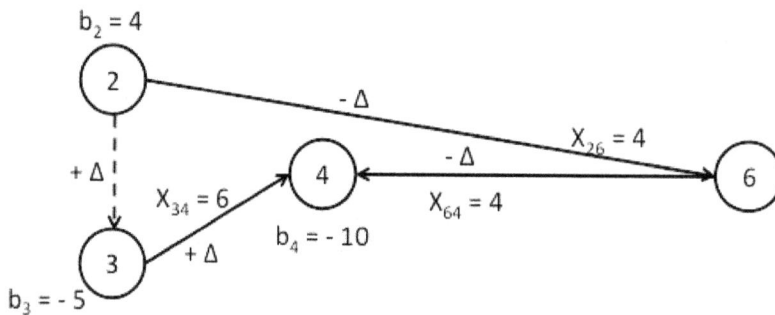

$$\text{Mín}\{4 \quad 4\} = 4 \quad \rightarrow \quad \text{Sale } X_{26}$$

Paso 5. Evalúe la nueva solución.

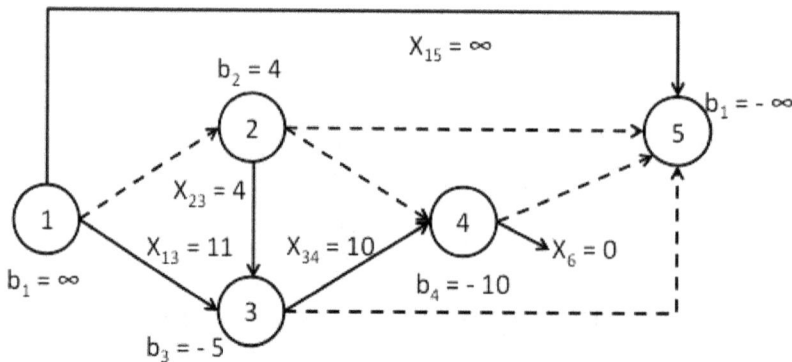

FASE 2

Iteración 1

Paso 1. Calcule las variables duales.

$$w_1 - w_3 = 4$$

$$w_1 - w_5 = 0$$

$$w_2 - w_3 = 1$$

$$w_3 - w_4 = -2$$

$$\Rightarrow$$

$$w_5 = 0$$
$$w_2 = -3$$
$$w_4 = -2$$

$$w_1 = 0$$
$$w_3 = -4$$

Paso 2. Calcule los costes reducidos de las variables no básicas.

$$Z_{12} - C_{12} = w_1 - w_2 - C_{12} = 0 - (-3) - 3 = 0$$

$$Z_{24} - C_{24} = w_2 - w_4 - C_{24} = (-3) - (-2) - 3 = -4$$

$$Z_{25} - C_{25} = w_2 - w_5 - C_{25} = (-3) - 0 - 0 = -3$$

$$Z_{35} - C_{35} = w_3 - w_5 - C_{35} = (-4) - 0 - 0 = -4$$

$$Z_{45} - C_{45} = w_4 - w_5 - C_{45} = (-2) - 0 - 0 = -2$$

Paso 3. Determine la variable que debe entrar en la base con el objetivo de mejorar la solución actual.

Ninguna variable no básica puede entrar en la base y mejorar la solución actual dado que los costes reducidos de las variables no básicas son negativos y el problema es de mínimo. La solución hallada es óptima.

La existencia de una variable no básica X_{12} con su coste reducido nulo refleja la existencia soluciones múltiples. Dicha variable puede entrar en la base manteniendo el valor óptimo de la función objetivo. En la solución alternativa la variable X_{12} entra en la base con un flujo de 11 unidades, la variable X_{13} sale de la base y la variable X_{23} ve aumentado su valor de 4 unidades a 15.

Ejercicio 24

Dispone de **250** unidades del recurso A y **350** del recurso B, para la fabricación de tres productos (**P1, P2 y P3**) que consumen la siguiente cantidad de recursos (en unidades):

	Recurso A	Recurso B
P1	4	6
P2	3	7
P3	5	5

El mercado requiere producir **12** unidades del producto 1, siendo los rendimientos marginales unitarios de **0, 2 y 4** euros respectivamente. Calcule:

1. La producción a realizar de cada producto.

2. La variación que se produce en la solución óptima si elimina la condición de las 12 unidades del producto 1.

3. El valor de una unidad de recurso.

Solución

1. La producción a realizar de cada producto.

Paso 1. Formule el modelo que le permita obtener el máximo beneficio.

$$\text{Máx}\left\{0\,X_1 + 2\,X_2 + 4\,X_3\right\}$$

$$\text{Re curso A} \quad\rightarrow\quad 4\,X_1 + 3\,X_2 + 5\,X_3 \leq 250$$

$$\text{Re curso B} \quad\rightarrow\quad 6\,X_1 + 7\,X_2 + 5\,X_3 \leq 350$$

$$\text{Demanda 1} \quad\rightarrow\quad 1\,X_1 + 0\,X_2 + 0\,X_3 \geq 12$$

$$X_i \geq 0$$

Donde X_i indica el número de unidades a producir del producto i (P1, P2 ó P3).

Paso 2. Resuelva el modelo.

Mediante la aplicación de cualquier software de programación lineal se obtiene la solución óptima que muestra la tabla.

	Z	X_1	X_2	X_3	S_1	S_2	E_1	A_1	
Z	1	0	0,4	0	0,8	0	3,2	3,2	161,6
X_3	0	0	0,6	1	0,2	0	0,8	- 0,8	40,4
S_2	0	0	4,0	0	- 1	1	2,0	- 2,0	76,0
X_1	0	1	0,0	0	0,0	0	- 1	1,0	12,0

La solución óptima consiste en producir 12 unidades del producto 1 y 40,4 unidades del producto 3, siendo el beneficio esperado de 161,6 euros.

2. La variación que se produce en la solución óptima si elimina la condición de las 12 unidades del producto 1.

En la solución óptima actual, la inversa de la base:

$$
\begin{array}{ccc}
S_1 & S_2 & A_1
\end{array}
$$
$$
\begin{bmatrix}
0,2 & 0 & -0,8 \\
-1 & 1 & -2,0 \\
0 & 0 & 1
\end{bmatrix}
$$

Si elimina la condición de las 12 unidades del producto 1, elimina la tercera restricción. Al eliminar la tercera restricción, la nueva inversa de la base pasa a ser:

$$
\begin{array}{cc}
S_1 & S_2
\end{array}
$$
$$
\begin{bmatrix}
0,2 & 0 \\
-1 & 1
\end{bmatrix}
$$

Un cambio en la inversa de la base, supone un cambio en el valor de las variables básicas y de la función objetivo.

$$
X_B = B^{-1} \cdot b = \begin{bmatrix} 0,2 & 0 \\ -1 & 1 \end{bmatrix} \cdot \begin{bmatrix} 250 \\ 350 \end{bmatrix} = \begin{bmatrix} 50 \\ 100 \end{bmatrix}
$$

$$
Z = c_B \cdot x_B = \begin{pmatrix} 4 & 0 \end{pmatrix} \cdot \begin{bmatrix} 50 \\ 100 \end{bmatrix} = 200
$$

Se incrementan las ganancias en 200 - 161,6 = 38,4 euros, produciendo más unidades de P3.

En este caso concreto, el cambio en la inversa de la base no afecta a los términos ($B^{-1} \cdot N$) dada la estructura que presenta la restricción eliminada (véase que en la inversa de la base actual en su última fila aparecen ceros). Por tanto tampoco se ven afectados los costes reducidos de las variables no básicas.

Si debe recalcular los anteriores valores para la variable que hasta ahora era básica (X_1) y al eliminar la tercera restricción pasa a ser no básica.

$$B^{-1} \cdot A_{X_1} = \begin{bmatrix} 0,2 & 0 \\ -1 & 1 \end{bmatrix} \cdot \begin{bmatrix} 4 \\ 6 \end{bmatrix} = \begin{bmatrix} 0,8 \\ 2,0 \end{bmatrix}$$

$$z_{X_1} - c_{X_1} = c_B \cdot B^{-1} \cdot A_{X_1} - c_{X_1} = \begin{pmatrix} 4 & 0 \end{pmatrix} \cdot \begin{bmatrix} 0,8 \\ 2,0 \end{bmatrix} - 0 = 3,2$$

La variable x_1 no puede entrar en la base dado que su nuevo coste reducido es positivo y el problema de máximo.

3. El valor de una unidad de recurso.

$$\frac{dZ}{db_A} = w_A = 0,8 \text{ euros} \qquad \frac{dZ}{db_B} = w_B = 0 \text{ euros}$$

El valor de una unidad de recurso B es cero dado que se trata de un recurso libre del que sobran 76 unidades. Por contra, cada unidad adicional del recurso escaso A dará lugar a un incremento en el beneficio de 0,8 euros.

2 | Apéndice

2.1 Sistemas de Ecuaciones Lineales

Transformaciones elementales de filas

- Intercambiar filas.

- Multiplicar una fila por una constante.

- Sumar o restar una fila a otra multiplicada por una constante.

El objetivo de las transformaciones elementales de filas es convertir una matriz en otra equivalente. Se dice que dos **matrices son equivalentes** (~) si puede pasar de una a otra mediante una transformación elemental.

- Sume a la segunda fila de la matriz $\begin{bmatrix} -1 & 1 & -1 \\ 2 & 3 & 1 \end{bmatrix}$ la primera fila multiplicada por dos.

$$\begin{bmatrix} -1 & 1 & -1 \\ 0 & 5 & -1 \end{bmatrix}$$

$$F_2' = F_2 + 2 \cdot F_1$$

Rango de una matriz por el método de Gauss

El cálculo del rango de una matriz por el método de Gauss consiste en:

1. Si la matriz tiene más filas que columnas, use la matriz traspuesta dado que rango (A) = rango (A^t).

2. Mediante transformaciones elementales de filas haga cero todos los elementos por debajo de la diagonal principal.

3. El rango es el número de filas, sin contar las filas nulas.

- Calcule el rango de la matriz $\begin{bmatrix} 1 & 2 & 1 \\ -1 & 1 & -1 \\ 2 & 3 & 3 \end{bmatrix}$

$$\begin{bmatrix} 1 & 2 & 1 \\ 0 & 3 & 0 \\ 2 & 3 & 3 \end{bmatrix} \sim \begin{bmatrix} 1 & 2 & 1 \\ 0 & 3 & 0 \\ 0 & -1 & 1 \end{bmatrix} \sim \begin{bmatrix} 1 & 2 & 1 \\ 0 & 3 & 0 \\ 0 & 0 & 1 \end{bmatrix}$$

$$F_2' = F_2 + F_1 \qquad F_3' = F_3 - 2 \cdot F_1 \qquad F_3' = F_3 + \frac{1}{3} \cdot F_2$$

$$\boxed{\text{Rango} = 3}$$

Teorema de Rouché Frobenius

Dado un sistema de ecuaciones lineales (A·x = b) formado por m ecuaciones y n incógnitas, el sistema es compatible si rango(A) = rango(A|b). Si además rango(A) = rango(A|b) = n el sistema es determinado (tiene solución única), mientras que si rango(A) = rango(A|b) < n el sistema es indeterminado (tiene infinitas soluciones).

- Dado el sistema de ecuaciones lineales

$$1\,X_1 + 2\,X_2 + 1\,X_3 = 3$$

$$-1\,X_1 + 1\,X_2 - 1\,X_3 = 3$$

$$2\,X_1 + 3\,X_2 + 3\,X_3 = 1$$

En su forma matricial

$$\begin{bmatrix} 1 & 2 & 1 \\ -1 & 1 & -1 \\ 2 & 3 & 3 \end{bmatrix} \cdot \begin{bmatrix} X_1 \\ X_2 \\ X_3 \end{bmatrix} = \begin{bmatrix} 3 \\ 3 \\ 1 \end{bmatrix}$$

Rango de la matriz A

$$\begin{bmatrix} 1 & 2 & 1 \\ 0 & 3 & 0 \\ 2 & 3 & 3 \end{bmatrix} \sim \begin{bmatrix} 1 & 2 & 1 \\ 0 & 3 & 0 \\ 0 & -1 & 1 \end{bmatrix} \sim \begin{bmatrix} 1 & 2 & 1 \\ 0 & 3 & 0 \\ 0 & 0 & 1 \end{bmatrix}$$

$$F_2' = F_2 + F_1 \qquad F_3' = F_3 - 2 \cdot F_1 \qquad F_3' = F_3 + \frac{1}{3} \cdot F_2$$

$$\boxed{\text{Rango}[A] = 3}$$

Rango de la matriz aumentada [A|b]

$$\begin{bmatrix} 1 & 2 & 1 & 3 \\ 0 & 3 & 0 & 6 \\ 2 & 3 & 3 & 1 \end{bmatrix} \sim \begin{bmatrix} 1 & 2 & 1 & 3 \\ 0 & 3 & 0 & 6 \\ 0 & -1 & 1 & -5 \end{bmatrix} \sim \begin{bmatrix} 1 & 2 & 1 & 3 \\ 0 & 3 & 0 & 6 \\ 0 & 0 & 1 & -3 \end{bmatrix}$$

$$F_2' = F_2 + F_1 \qquad\qquad F_3' = F_3 - 2 \cdot F_1 \qquad\qquad F_3' = F_3 + \frac{1}{3} \cdot F_2$$

Rango [A|b] = 3

Dado que el número de incógnitas n = 3

Rango[A] = Rango[A|b] = n = 3

Este sistema de ecuaciones lineales es compatible determinado

Resolución de un sistema de ecuaciones lineales por el método de Gauss Jordan

Consiste en escalonar la matriz ampliada (A|b) realizando operaciones elementales de filas.

Se denomina **pivote** de una fila de la matriz al primer número de la fila distinto de cero contado de izquierda a derecha.

Una **matriz escalonada** es aquella en la que todas las filas nulas se encuentran en la parte inferior de la matriz, y el pivote de cada fila no nula está ubicado más a la derecha que el pivote de la fila de encima.

Una vez escalonada la matriz, para hallar la solución del sistema de ecuaciones lineales comience a despejar las incógnitas partiendo de la última ecuación y sustituya en las anteriores, siguiendo un proceso ascendente.

- Dado el sistema de ecuaciones lineales

$$1\,X_1 + 2\,X_2 + 1\,X_3 = 3$$

$$-1\,X_1 + 1\,X_2 - 1\,X_3 = 3$$

$$2\,X_1 + 3\,X_2 + 3\,X_3 = 1$$

En su forma matricial

$$\begin{bmatrix} 1 & 2 & 1 \\ -1 & 1 & -1 \\ 2 & 3 & 3 \end{bmatrix} \cdot \begin{bmatrix} X_1 \\ X_2 \\ X_3 \end{bmatrix} = \begin{bmatrix} 3 \\ 3 \\ 1 \end{bmatrix}$$

Escalone la matriz ampliada (A|b) realizando operaciones elementales de filas.

$$\begin{bmatrix} 1 & 2 & 1 & 3 \\ 0 & 3 & 0 & 6 \\ 2 & 3 & 3 & 1 \end{bmatrix} \sim \begin{bmatrix} 1 & 2 & 1 & 3 \\ 0 & 3 & 0 & 6 \\ 0 & -1 & 1 & -5 \end{bmatrix} \sim \begin{bmatrix} 1 & 2 & 1 & 3 \\ 0 & 1 & 0 & 2 \\ 0 & -1 & 1 & -5 \end{bmatrix}$$

$$F_2' = F_2 + F_1 \qquad F_3' = F_3 - 2 \cdot F_1 \qquad F_2' = \frac{1}{3} \cdot F_2$$

$$\begin{bmatrix} 1 & 2 & 1 & 3 \\ 0 & 1 & 0 & 2 \\ 0 & -1 & 1 & -5 \end{bmatrix} \sim \begin{bmatrix} 1 & 2 & 1 & 3 \\ 0 & 1 & 0 & 2 \\ 0 & 0 & 1 & -3 \end{bmatrix}$$

$$F_3' = F_3 + F_2$$

Una vez escalonada la matriz, para hallar la solución del sistema de ecuaciones lineales comience a despejar las incógnitas partiendo de la última ecuación y sustituya en las anteriores, siguiendo un proceso ascendente.

$$\begin{array}{ccc} X_1 & X_2 & X_3 \end{array}$$
$$\begin{bmatrix} 1 & 2 & 1 & 3 \\ 0 & 1 & 0 & 2 \\ 0 & 0 & 1 & -3 \end{bmatrix}$$

De donde

$$X_3 = -3$$

$$X_2 = 2$$

$$X_1 = 3 - 2 X_2 - X_3 = 3 - 4 + 3 = 2$$

Resolución de sistemas de desigualdades: variables de holgura y variables de exceso

La resolución de sistemas de desigualdades exige convertir las desigualdades en igualdades, lo que se lleva a cabo mediante la incorporación de variables de holgura (S) o variables exceso (E) según corresponda. Así, los sistemas de ecuaciones lineales de la forma $A \cdot x \leq b$ requieren la incorporación de variables de holgura (S) para convertirse en un sistema de ecuaciones lineales de la forma $A \cdot x + S = b$.

$$A \cdot x \leq b \quad \Rightarrow \quad A \cdot x + S = b$$

El déficit de unidades en el lado izquierdo de la ecuación para igualar al lado derecho de la misma hace necesario agregar la variable de holgura (S) en el lado izquierdo de la ecuación.

Por su parte, los sistemas de ecuaciones lineales de la forma $A \cdot x \geq b$ precisan la incorporación de variables de exceso (E) con el objetivo de reconvertir el sistema de desigualdades en el siguiente sistema de igualdades $A \cdot x - E = b$.

$$A \cdot x \geq b \quad \Rightarrow \quad A \cdot x - E = b$$

El exceso de unidades que tiene el lado izquierdo de la ecuación respecto al lado derecho de la misma, obliga a incorporar una variable de holgura con signo negativo en el lado izquierdo de la ecuación.

- Dado el sistema de ecuaciones lineales

$$1\,X_1 + 2\,X_2 + 1\,X_3 \leq 3$$

$$-1\,X_1 + 1\,X_2 - 1\,X_3 \geq 3$$

$$2\,X_1 + 3\,X_2 + 3\,X_3 = 1$$

Incorpore variables de holgura (S) y variables de exceso (E) con el objetivo de convertir el sistema en un sistema de igualdades.

$$1\,X_1 + 2\,X_2 + 1\,X_3 + 1\,S_1 \quad = 3$$

$$-1\,X_1 + 1\,X_2 - 1\,X_3 \quad -1\,E_1 = 3$$

$$2\,X_1 + 3\,X_2 + 3\,X_3 \quad = 1$$

2.2 Modelado Matemático de Sistemas

El modelado es el proceso de abstracción del sistema real al modelo cuantitativo, obteniendo como resultado un modelo matemático del sistema real objeto de estudio. Dicho proceso es una mezcla de arte y de ciencia, por lo que requiere un aprendizaje basado en la práctica y la experimentación. El éxito depende básicamente de su habilidad y experiencia en el modelado de sistemas, así como de los conocimientos que tenga sobre el problema a modelar. El proceso seguido habitualmente para modelar un sistema consta de los pasos siguientes.

1. Identifique las variables de decisión.

2. Formule la función objetivo del problema.

3. Concrete las restricciones del modelo.

Seguidamente se recogen a título de ejemplo algunos modelos correspondientes a aplicaciones sencillas.

Mezclas

Una empresa petrolera fabrica dos productos, gasolina y gasóleo. El precio de venta del litro de gasolina es de 0,6 euros, mientras que el litro de gasóleo lo vende a 0,4 euros. Ambos productos se fabrican a partir de crudo ligero y crudo mediano, siguiendo la composición que recoge la tabla.

		Componente	
		A	B
Crudo	Ligero	60 %	40 %
	Mediano	30 %	70 %

El coste del crudo ligero por litro asciende a 0,2 euros y el crudo mediano a 0,1 euros. La gasolina requiere un máximo del 70 % del componente B, mientras que el gasóleo debe contener un mínimo del 40 % de A. El oleoducto de la compañía puede suministrar diariamente un máximo de 4.000.000 de litros de crudo ligero y 5.000.000 de crudo mediano. La demanda diaria estimada es de 8.000.000 de litros de gasolina y 2.000.000 de gasóleo. Elabore el modelo que permita a la compañía maximizar su beneficio.

1. Identifique las variables de decisión.

Sean X_{ij} los litros de crudo i (**L**igero o **M**ediano) destinados a la fabricación del producto j (**G**asolina o ga**S**óleo).

2. Formule la función objetivo del problema.

Ingresos = $0,6 \cdot (X_{LG} + X_{MG}) + 0,4 \cdot (X_{LS} + X_{MS})$

Gastos = $0,2 \cdot (X_{LG} + X_{LS}) + 0,1 \cdot (X_{MG} + X_{MS})$

Beneficio = Ingresos - Gastos = $0,6 (X_{LG} + X_{MG}) + 0,4 (X_{LS} + X_{MS}) - 0,2 (X_{LG} + X_{LS}) + 0,1 (X_{MG} + X_{MS})$

$$\text{Máx}\left\{0,6 \cdot (X_{LG} + X_{MG}) + 0,4 \cdot (X_{LS} + X_{MS}) - 0,2 \cdot (X_{LG} + X_{LS}) - 0,1 \cdot (X_{MG} + X_{MS})\right\}$$

3. Concrete las restricciones del modelo.

Requisitos de composición

$$\text{Componente B en G} \quad \rightarrow \quad 0,4 \cdot X_{LG} + 0,7 \cdot X_{MG} \leq 0,7 \cdot \left(X_{LG} + X_{MG}\right)$$

$$\text{Componente A en S} \quad \rightarrow \quad 0,6 \cdot X_{LS} + 0,3 \cdot X_{MS} \geq 0,4 \cdot \left(X_{LS} + X_{MS}\right)$$

Disponibilidad de crudo

$$\text{Crudo Ligero} \quad \rightarrow \quad X_{LG} + X_{LS} \leq 4.000.000$$

$$\text{Crudo Mediano} \quad \rightarrow \quad X_{MG} + X_{MS} \leq 5.000.000$$

Demanda de productos

$$\text{Gasolina} \quad \rightarrow \quad X_{LG} + X_{MG} \leq 8.000.000$$

$$\text{Gasóleo} \quad \rightarrow \quad X_{LS} + X_{MS} \leq 2.000.000$$

No negatividad de las variables

$$X_{LG}, X_{MG}, X_{LS}, X_{MS} \geq 0$$

Este tipo de problemas consiste en decidir como mezclar un conjunto de recursos formados por varios componentes que deben combinarse de manera que las mezclas contengan determinados porcentajes de dichos componentes, con el objetivo de producir uno o más productos. Estos problemas de mezclas acontecen habitualmente en la industria química, en la industria alimentaria, y en cualquiera que requiera mezclar materiales.

Planificación de la producción

Una empresa fabrica dos productos a partir de tres materias primas (A, B y C). El margen unitario del producto 1 es de 4 euros, requiriendo para su fabricación 0,5 kilogramos de la materia prima A, 0,5 kilogramos de la materia prima B y 1,5 kilogramos de la materia prima C. Por su parte, el margen unitario del producto 2 es de 3 euros, para cuya fabricación se necesitan 0,5 kilogramos de la materia prima A, 1 kilogramo de la materia prima B y 1 kilogramo de la materia prima C. La empresa dispone de 80 kilogramos de A, 120 kilogramos de B y 200 kilogramos de C. Establezca el modelo que permita a la compañía determinar el número de unidades a producir de cada producto con el objetivo de maximizar su beneficio, suponiendo que todos los productos fabricados se venden.

1. Identifique las variables de decisión.

Sea X_i la cantidad a producir de producto i (**1** o **2**).

2. Formule la función objetivo del problema.

Beneficio = 4 X_1 + 3 X_2

$$\text{Máx}\{4 \cdot X_1 + 3 \cdot X_2\}$$

3. Concrete las restricciones del modelo.

Disponibilidad de materia prima

$$\text{Materia prima A} \quad \rightarrow \quad 0,5 \cdot X_1 + 0,5 \cdot X_2 \leq 80$$

$$\text{Materia prima B} \quad \rightarrow \quad 0,5 \cdot X_1 + 1,0 \cdot X_2 \leq 120$$

$$\text{Materia prima C} \quad \rightarrow \quad 1,5 \cdot X_1 + 1,0 \cdot X_2 \leq 200$$

No negatividad de las variables

$$X_1, X_2 \geq 0$$

Este tipo de problemas consiste en determinar la cantidad a producir de cada uno de los productos que compiten por el uso de los recursos limitados de la compañía, de tal forma que se obtenga el máximo de beneficio de la misma en un periodo determinado.

Programación de la producción

Una empresa está programando la producción de tres productos (A, B, y C) en cuatro máquinas (1, 2, 3 y 4). Cada producto se puede fabricar en cada una de las máquinas. La tabla siguiente recoge el coste unitario de producción.

Producto	Máquina			
	1	2	3	4
A	10	10	12	13
B	12	13	12	12
C	16	14	12	15

Siendo el tiempo requerido en horas para producir una unidad de producto en cada una de las máquinas, el que muestra la tabla.

Producto	Máquina			
	1	2	3	4
A	5	4	4	4
B	4	5	4	4
C	10	8	8	6

Se requieren 5000, 6000 y 3000 unidades de los productos respectivamente, siendo las horas máquina disponibles 2000, 1500, 2000 y 3000. Construya el modelo que permita a la compañía programar la producción minimizando el coste.

1. Identifique las variables de decisión.

Sea X_{ij} la producción del producto i (**A, B** o **C**) en la máquina j (**1, 2, 3** o **4**).

2. Formule la función objetivo del problema.

Coste = $10 X_{A1} + 10 X_{A2} + 12 X_{A3} + 13 X_{A4} + 12 X_{B1} + 13 X_{B2} + 12 X_{B3} + 12 X_{B4} + 16 X_{C1} + 14 X_{C2} + 12 X_{C3} + 15 X_{C4}$

$$\text{Mín}\{\text{Coste}\}$$

3. Concrete las restricciones del modelo.

Disponibilidad de horas de máquina

$$\text{Máquina 1} \quad \rightarrow \quad 5 \cdot X_{A1} + 4 \cdot X_{B1} + 10 \cdot X_{C1} \leq 2000$$

$$\text{Máquina 2} \quad \rightarrow \quad 4 \cdot X_{A2} + 5 \cdot X_{B2} + 8 \cdot X_{C2} \leq 1500$$

$$\text{Máquina 3} \quad \rightarrow \quad 4 \cdot X_{A3} + 4 \cdot X_{B3} + 8 \cdot X_{C3} \leq 2000$$

$$\text{Máquina 4} \quad \rightarrow \quad 4 \cdot X_{A4} + 4 \cdot X_{B4} + 6 \cdot X_{C4} \leq 3000$$

Demanda de productos

$$\text{Producto A} \quad \rightarrow \quad X_{A1} + X_{A2} + X_{A3} + X_{A4} \geq 5000$$

$$\text{Producto B} \quad \rightarrow \quad X_{B1} + X_{B2} + X_{B3} + X_{B4} \geq 6000$$

$$\text{Producto C} \quad \rightarrow \quad X_{C1} + X_{C2} + X_{C3} + X_{C4} \geq 3000$$

No negatividad de las variables

$$X_{ij} \geq 0$$

Problema de Transporte

Una compañía tiene plantas productivas en Londres, París y Roma. Siendo las capacidades de producción de cada una de las plantas de 200.000, 150.000 y 175.000 unidades, respectivamente. La empresa suministra a cuatro entidades distribuidoras localizadas en Barcelona, Madrid, Zamora y Sevilla, cuyas respectivas demandas ascienden a 180.000, 140.000, 70.000 y 90.000 unidades. El coste unitario de transporte de cada planta de producción a cada distribuidor viene recogido en la tabla siguiente en euros.

	Plantas de producción		
	Londres	**París**	**Roma**
Barcelona	1,5	1,0	0,5
Madrid	2,0	1,5	1,0
Zamora	2,0	1,6	1,2
Sevilla	2,5	2,0	1,5

Construya el modelo que permita a la compañía programar los envíos desde las plantas de producción hasta los distribuidores minimizando su coste total.

1. Identifique las variables de decisión.

Sean X_{ij} las unidades enviadas desde la planta de producción i (Londres, París o Roma) al distribuidor j (Barcelona, Madrid, Zamora o Sevilla).

2. Formule la función objetivo del problema.

Coste de transporte = $1{,}5\,X_{LB} + 1{,}0\,X_{PB} + 0{,}5\,X_{RB} + 2{,}0\,X_{LM} + 1{,}5\,X_{PM} + 1{,}0\,X_{RM} + 2{,}0\,X_{LZ} + 1{,}6\,X_{PZ} + 1{,}2\,X_{RZ} + 2{,}5\,X_{LS} + 2{,}0\,X_{PS} + 1{,}5\,X_{RS}$

$$\text{Mín}\{\text{coste de transporte}\}$$

3. Concrete las restricciones del modelo.

Capacidad de las plantas de producción

$$\text{Londres} \;\rightarrow\; X_{LB} + X_{LM} + X_{LZ} + X_{LS} \le 200.000$$

$$\text{París} \;\rightarrow\; X_{PB} + X_{PM} + X_{PZ} + X_{PS} \le 150.000$$

$$\text{Roma} \;\rightarrow\; X_{RB} + X_{RM} + X_{RZ} + X_{RS} \le 175.000$$

Demanda de los distribuidores

$$\text{Barcelona} \;\rightarrow\; X_{LB} + X_{PB} + X_{RB} \ge 180.000$$

$$\text{Madrid} \;\rightarrow\; X_{LM} + X_{PM} + X_{RM} \ge 170.000$$

$$\text{Zamora} \;\rightarrow\; X_{LZ} + X_{PZ} + X_{RZ} \ge 70.000$$

$$\text{Sevilla} \;\rightarrow\; X_{LS} + X_{PS} + X_{RS} \ge 90.000$$

No negatividad de las variables

$$X_{ij} \geq 0$$

Este tipo de problemas consiste en determinar las mejores rutas de transporte desde los centros de producción hasta los centros de distribución, de tal forma que el coste de transporte sea mínimo.

Problema de Transbordo

Una empresa tiene dos secciones de estampación (E1 y E2) con una capacidad de producción de 6 y 5 unidades por hora, respectivamente. La producción de cada una de las secciones de estampación es enviada indistintamente a la sección de perforación A (PA) ó a la sección de perforación B (PB). Finalmente desde las secciones de perforación se manda a cualquiera de las cuatro líneas de ensamblaje (L1, L2, L3 y L4) de que dispone la empresa, la demanda de las cuales asciende a 3, 4, 3 y 4 unidades por hora, respectivamente. El tiempo promedio de procesado de una unidad de producto en la sección de estampación E1 es de 10 minutos, y en la sección de estampación E2 de 12 minutos. En las secciones de perforación PA y PB los tiempos de proceso unitarios ascienden a 5 y 8 minutos, respectivamente. Los tiempos en las líneas de ensamblado L1, L2, L3 y L4 son 20, 15, 20 y 15 minutos por unidad. Restricciones de índole técnica imposibilitan que los productos procedentes de la sección de perforación A sean ensamblados en la línea de montaje L2. Elabore un modelo que permita a la compañía organizar el flujo de materiales entre las distintas secciones de la misma, minimizando el tiempo total de producción.

1. Identifique las variables de decisión.

Sean X_{ij} las unidades por hora enviadas desde el nodo i (**E1, E2, PA o PB**) al nodo j (**PA, PB, L1, L2, L3 o L4**).

2. Formule la función objetivo del problema.

Tiempo total de producción = $10\ X_{E1,PA} + 10\ X_{E1,PB} + 12\ X_{E2,PA} + 12\ X_{E2,PB} + 20\ X_{PA,L1} + 1000\ X_{PA,L2} + 20\ X_{PA,L3} + 15\ X_{PA,L4} + 20\ X_{PB,L1} + 15\ X_{PB,L2} + 20\ X_{PB,L3} + 15\ X_{PB,L4}$

$$\text{Mín}\{\text{tiempo total de producción}\}$$

Con el objetivo de impedir el envío de unidades procesadas en la sección PA a la línea de ensamblado L2, se asigna un tiempo de producción a estas unidades de 1000 minutos, valor que resulta suficientemente elevado respecto al resto de tiempos unitarios de proceso, para que el modelo al ser de mínimo tiempo de proceso impida dicho envío de unidades.

3. Concrete las restricciones del modelo.

Capacidad de producción de las secciones de estampación

$$\text{Estampación 1} \quad \to \quad X_{E1,PA} + X_{E1,PB} \le 6$$

$$\text{Estampación 2} \quad \to \quad X_{E2,PA} + X_{E2,PB} \le 5$$

Capacidad de transbordo

$$\text{Perforación A} \quad \to \quad X_{E1,PA} + X_{E2,PA} = X_{PA,L1} + X_{PA,L3} + X_{PA,L4}$$

$$\text{Perforación B} \quad \to \quad X_{E1,PB} + X_{E2,PB} = X_{PB,L1} + X_{PB,L2} + X_{PB,L3} + X_{PB,L4}$$

Demanda de las líneas de ensamblado

$$L1 \quad \rightarrow \quad X_{PA,L1} + X_{PB,L1} \geq 3$$

$$L2 \quad \rightarrow \quad X_{PA,L2} + X_{PB,L2} \geq 4$$

$$L3 \quad \rightarrow \quad X_{PA,L3} + X_{PB,L3} \geq 3$$

$$L4 \quad \rightarrow \quad X_{PA,L4} + X_{PB,L4} \geq 4$$

No negatividad de las variables

$$X_{ij} \geq 0$$

Este tipo de problemas consiste en determinar las mejores rutas de transporte desde los orígenes hasta los destinos, tomando en consideración los transbordos existentes, y minimizando el coste de transporte.

Problema de Asignación

Una empresa quiere asignar zonas de venta a sus vendedores de forma que maximice la satisfacción de estos. A cada vendedor se le asignan 12 puntos que debe repartir de acuerdo con sus preferencias entre las distintas zonas, pudiendo dar a cada zona una puntuación entre 1 y 5 puntos (1 indica una zona poco deseable y 5 la más deseable). La tabla siguiente recoge las puntuaciones obtenidas.

Vendedor	Zonas de Venta				Total puntos
	1	2	3	4	
A	3	5	3	1	12
B	2	4	4	2	12
C	3	3	4	2	12
D	1	4	4	3	12

1. Identifique las variables de decisión.

Sean X_{ij} variables cuyo valor sólo puede ser 1 ó 0 según asigne o no el vendedor i a la zona j. Así $X_{A1} = 1$ indica que el vendedor A es asignado a la zona 1, mientras que $X_{A2} = 0$ advierte que el vendedor A no es asignado a la zona 2.

2. Formule la función objetivo del problema.

Satisfacción de los vendedores = $3X_{A1} + 5X_{A2} + 3X_{A3} + 1X_{A4} + 2X_{B1} + 4X_{B2} + 4X_{B3} + 2X_{B4} + 3X_{C1} + 3X_{C2} + 4X_{C3} + 2X_{C4} + 1X_{D1} + 4X_{D2} + 4X_{D3} + 3X_{D4}$

$$\text{Máx}\{\text{satisfacción de los vendedores}\}$$

3. Concrete las restricciones del modelo.

Todo vendedor debe ser asignado a una zona de ventas

$$\text{Vendedor A} \quad \rightarrow \quad X_{A1} + X_{A2} + X_{A3} + X_{A4} = 1$$

$$\text{Vendedor B} \quad \rightarrow \quad X_{B1} + X_{B2} + X_{B3} + X_{B4} = 1$$

$$\text{Vendedor C} \quad \rightarrow \quad X_{C1} + X_{C2} + X_{C3} + X_{C4} = 1$$

$$\text{Vendedor D} \quad \rightarrow \quad X_{D1} + X_{D2} + X_{D3} + X_{D4} = 1$$

Cada zona de ventas debe tener asignado un vendedor

$$\text{Zona 1} \quad \rightarrow \quad X_{A1} + X_{B1} + X_{C1} + X_{D1} = 1$$

$$\text{Zona 2} \quad \rightarrow \quad X_{A2} + X_{B2} + X_{C2} + X_{D2} = 1$$

$$\text{Zona 3} \quad \rightarrow \quad X_{A3} + X_{B3} + X_{C3} + X_{D3} = 1$$

$$\text{Zona 4} \quad \rightarrow \quad X_{A4} + X_{B4} + X_{C4} + X_{D4} = 1$$

Un problema de asignación es un **problema de transporte** en el que el valor de las ofertas (orígenes) y las demandas (destinos) es igual a la unidad. Todo origen debe ser asignado a un destino y viceversa, cada destino debe tener adjudicado un origen, el problema debe pues estar siempre equilibrado, el número de orígenes debe corresponderse con el de destinos. En lo que a la función objetivo hace referencia, indistintamente en este tipo de problemas puede interesar maximizar el beneficio o minimizar el coste dependiendo de cada problema.

Flujo en Redes con coste mínimo

Dada la red de flujo que recoge la figura, halle la forma de satisfacer las demandas al mínimo coste, siendo los costes unitarios $C_{12}=3$, $C_{13}=1$, $C_{23}=2$, $C_{34}=6$, $C_{41}=1$.

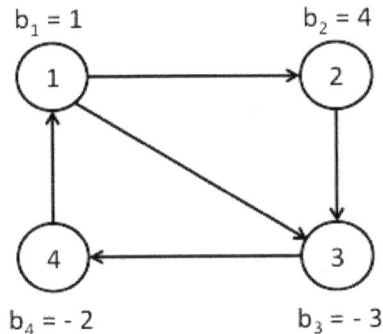

1. Identifique las variables de decisión.

Sea X_{ij} el flujo de unidades del nodo i (**1, 2, 3, 4**) al nodo j (**1, 2, 3, 4**).

2. Formule la función objetivo del problema.

Coste = $3X_{12} + 1X_{13} + 2X_{23} + 6X_{34} + 1X_{41}$

$$\text{Mín}\{3\,X_{12} + 1\,X_{13} + 2\,X_{23} + 6\,X_{34} + 1\,X_{41}\}$$

3. Concrete las restricciones del modelo.

Balance de cada nodo. Lo que entra es igual a lo que sale.

$$\text{Nodo } 1 \quad \rightarrow \quad 1 + X_{41} = X_{12} + X_{13}$$

$$\text{Nodo } 2 \quad \rightarrow \quad 4 + X_{12} = X_{23}$$

$$\text{Nodo } 3 \quad \rightarrow \quad X_{13} + X_{23} = X_{34} + 3$$

$$\text{Nodo } 4 \quad \rightarrow \quad X_{34} = X_{41} + 2$$

No negatividad de las variables

$$X_{ij} \geq 0$$

Este tipo de problemas consiste en determinar el flujo de unidades desde los nodos origen hasta los nodos destino, que minimiza el coste.

2.3 | Método Simplex

Método Simplex

Dado el siguiente programa lineal

$$\text{Mín}\left\{z = c \cdot x\right\}$$

$$\text{Mín}\left\{z = c_B \cdot x_B + c_N \cdot x_N\right\}$$

$$A \cdot x = b \qquad \rightarrow \qquad (B \quad N) \cdot \begin{pmatrix} x_B \\ x_N \end{pmatrix} = b$$

$$x \geq 0 \qquad\qquad X_B, X_N \geq 0$$

Donde x_B son las variables básicas, x_N las variables no básicas, c_B los coeficientes de la función objetivo de las variables básicas, y c_N los coeficientes de la función objetivo de las variables no básicas.

Resolviendo el sistema de ecuaciones lineales, resulta

$$(B \quad N) \cdot \begin{pmatrix} x_B \\ x_N \end{pmatrix} = b \qquad \Rightarrow \qquad B \cdot x_B + N \cdot x_N = b \qquad \Rightarrow$$

$$\boxed{x_B = B^{-1} \cdot b - B^{-1} \cdot N \cdot x_N}$$

De donde el valor de la función objetivo

$$z = c_B \cdot x_B + c_N \cdot x_N = c_B \cdot \left(B^{-1} \cdot b - B^{-1} \cdot N \cdot x_N\right) + c_N \cdot x_N$$

$$\boxed{z = c_B \cdot B^{-1} \cdot b - \left(c_B \cdot B^{-1} \cdot N - c_N\right) \cdot x_N}$$

Siendo $\boxed{z_N - c_N = c_B \cdot B^{-1} \cdot N - c_N}$ el coste reducido de las variables no básicas, el valor de la función objetivo

$$\boxed{z = c_B \cdot B^{-1} \cdot b - (z_N - c_N) \cdot x_N}$$

En la anterior expresión puede comprobar que cualquier variable no básica cuyo coste reducido sea positivo puede entrar en la base dado que aminora el valor de la función objetivo siendo el modelo de mínimo. Lo contrario sucede a las variables no básicas con el coste reducido negativo, la anterior expresión muestra que en caso de entrar en la base alguna de dichas variables, el valor de la función objetivo en lugar de reducirse aumenta.

Etapas del método Simplex

1. Incorpore al modelo las variables de holgura (S) y variables de exceso (E) que corresponda.

2. Halle una solución factible inicial.

3. Calcule los costes reducidos de las variables no básicas.

$$z_N - c_N = c_B \cdot B^{-1} \cdot N - c_N$$

Si el **modelo es de mínimo** y todos los costes reducidos de las variables no básicas son negativos o nulos, la solución hallada es óptima, en caso contrario ir al paso 4.

Si el **problema es de máximo** y todos los costes reducidos de las variables no básicas son positivos o nulos, la solución hallada es óptima, en caso contrario ir al paso 4.

4. Determine la variable que debe entrar en la base.

   En modelos de mínimo puede entrar en la base cualquier variable cuyo coste reducido sea positivo. Lo contrario sucede en un problema de máximo, puede entrar en la base cualquier variable cuyo coste reducido sea negativo. De todas las variables que pueden entrar en la base debe elegir aquella cuyo coste reducido $\left(z_k - c_k\right)$ sea mayor en valor absoluto dado que el coste reducido tiene efecto multiplicador.

$$z = c_B \cdot B^{-1} \cdot b - \left(z_k - c_k\right) \cdot x_k$$

   Al multiplicar por un valor mayor su efecto sobre la función objetivo será mayor.

5. Decida la variable que debe salir de la base.

   Sale de la base la variable cuyo $\left\{ \dfrac{B^{-1} \cdot b}{B^{-1} \cdot A_{x_K}} \quad \left(B^{-1} \cdot A_{x_K}\right) > 0 \right\}$ sea menor, siendo x_k la variable que entra en la base.

6. Calcule la nueva solución.

$$x_B = B^{-1} \cdot b \qquad\qquad x_N = 0 \qquad\qquad z = c_B \cdot x_B + c_N \cdot x_N$$

7. Vaya al paso 3

- Dado el programa lineal

$$\text{Mín}\{-2\,X_1 - 3\,X_2\}$$

$$2\,X_1 + 3\,X_2 \le 8$$

$$1\,X_1 + 8\,X_2 \le 4$$

$$X_1, X_2 \ge 0$$

1. Incorpore al modelo las variables de holgura (S) y variables de exceso (E) que corresponda.

$$\text{Mín}\{-2\,X_1 - 3\,X_2 + 0\,S_1 + 0\,S_2\}$$

$$2\,X_1 + 3\,X_2 + 1\,S_1 \qquad\quad = 8$$

$$1\,X_1 + 8\,X_2 \qquad\quad + 1\,S_2 = 4$$

$$X_1, X_2, S_1, S_2 \ge 0$$

2. Halle una solución factible inicial.

$$\begin{array}{cc} S_1 & S_2 \end{array}$$
$$B = \begin{bmatrix} 1 & 0 \\ 0 & 1 \end{bmatrix} \qquad \Rightarrow \qquad B^{-1} = \begin{bmatrix} 1 & 0 \\ 0 & 1 \end{bmatrix}$$

$$X_B = B^{-1} \cdot b = \begin{bmatrix} 1 & 0 \\ 0 & 1 \end{bmatrix} \cdot \begin{bmatrix} 8 \\ 4 \end{bmatrix} = \begin{bmatrix} 8 \\ 4 \end{bmatrix} = \begin{bmatrix} S_1 \\ S_2 \end{bmatrix} \qquad X_N = \begin{bmatrix} 0 \\ 0 \end{bmatrix} = \begin{bmatrix} X_1 \\ X_2 \end{bmatrix}$$

$$Z = C_B \cdot X_B + C_N \cdot X_N = \begin{pmatrix} 0 & 0 \end{pmatrix} \cdot \begin{bmatrix} 8 \\ 4 \end{bmatrix} + \begin{pmatrix} -2 & -3 \end{pmatrix} \cdot \begin{bmatrix} 0 \\ 0 \end{bmatrix} = 0$$

3. Calcule los costes reducidos de las variables no básicas.

$$z_{X_1} - c_{X_1} = c_B \cdot B^{-1} \cdot A_{X_1} - c_{X_1} = \begin{pmatrix} 0 & 0 \end{pmatrix} \cdot \begin{bmatrix} 1 & 0 \\ 0 & 1 \end{bmatrix} \cdot \begin{bmatrix} 2 \\ 1 \end{bmatrix} - (-2) = 2$$

$$z_{X_2} - c_{X_2} = c_B \cdot B^{-1} \cdot A_{X_2} - c_{X_2} = \begin{pmatrix} 0 & 0 \end{pmatrix} \cdot \begin{bmatrix} 1 & 0 \\ 0 & 1 \end{bmatrix} \cdot \begin{bmatrix} 3 \\ 8 \end{bmatrix} - (-3) = 3$$

4. Determine la variable que debe entrar en la base.

Entra en la base X_2 dado que tiene el coste reducido positivo y de todos los positivos el mayor, siendo el problema de mínimo.

5. Decida la variable que debe salir de la base.

$$\text{Mín}\left\{\frac{B^{-1} \cdot b}{B^{-1} \cdot A_{X_K}} \quad (B^{-1} \cdot A_{X_K}) > 0\right\} = \text{Mín}\left\{\frac{8}{3}, \frac{4}{8}\right\} = \frac{4}{8} \quad \rightarrow \quad \text{Sale } S_2$$

Dado que $x_B = B^{-1} \cdot b - B^{-1} \cdot N \cdot x_N$

$$X_B = B^{-1} \cdot b - B^{-1} \cdot A_{X_K} \cdot X_K = \begin{bmatrix} S_1 \\ S_2 \end{bmatrix} = \begin{bmatrix} 8 \\ 4 \end{bmatrix} - \begin{bmatrix} 1 & 0 \\ 0 & 1 \end{bmatrix} \cdot \begin{bmatrix} 3 \\ 8 \end{bmatrix} \cdot X_2$$

Siendo X_K la variable que entra en la base, en este caso X_2. Al entrar en la base X_2 incrementa su valor. Su valor en la actualidad es cero dado que no es básica, advierta que si X_2 se incrementa en $\frac{4}{8}$, la anterior expresión muestra como la variable S_2 pasa a valer cero y a ser no básica.

$$\text{Mín}\left\{\frac{B^{-1} \cdot b}{B^{-1} \cdot A_{X_K}} \quad (B^{-1} \cdot A_{X_K}) > 0\right\}$$

La expresión recoge cuál será la variable básica actual que llegará a cero en primer lugar al entrar en la base la variable no básica X_K.

6. Calcule la nueva solución.

$$\begin{array}{c} S_1 \quad X_2 \\ B = \begin{bmatrix} 1 & 3 \\ 0 & 8 \end{bmatrix} \end{array} \qquad \Rightarrow \qquad B^{-1} = \begin{bmatrix} 1 & -3/8 \\ 0 & 1/8 \end{bmatrix}$$

$$X_B = B^{-1} \cdot b = \begin{bmatrix} 1 & -3/8 \\ 0 & 1/8 \end{bmatrix} \cdot \begin{bmatrix} 8 \\ 4 \end{bmatrix} = \begin{bmatrix} 52/8 \\ 4/8 \end{bmatrix} = \begin{bmatrix} S_1 \\ X_2 \end{bmatrix} \qquad X_N = \begin{bmatrix} 0 \\ 0 \end{bmatrix} = \begin{bmatrix} X_1 \\ S_2 \end{bmatrix}$$

$$Z = C_B \cdot X_B + C_N \cdot X_N = \begin{pmatrix} 0 & -3 \end{pmatrix} \cdot \begin{bmatrix} 52/8 \\ 4/8 \end{bmatrix} + \begin{pmatrix} -2 & 0 \end{pmatrix} \cdot \begin{bmatrix} 0 \\ 0 \end{bmatrix} = -\frac{12}{8}$$

7. Vaya al paso 3 y repita los pasos 3 a 6 hasta que todos los costes reducidos de las variables no básicas sean negativos o nulos, en cuyo caso al tratarse de un problema de mínimo la solución obtenida será la óptima.

Solución factible inicial: variables artificiales

El método Simplex publicado por George Dantzig en 1947 es un algoritmo que a través de sucesivas iteraciones se va aproximando al óptimo del problema en caso de existir. Requiere de una solución inicial a partir de la cual iniciar las iteraciones hasta alcanzar la solución óptima.

Obtención de la solución inicial

1. Las variables de holgura (S) definen siempre una solución factible inicial.

2. A las restricciones que no dispongan de variables de holgura debe añadir **variables artificiales**, variables que no pueden formar parte de la solución dado que no tienen ninguna interpretación económica ni técnica del problema, se trata de un mero artificio para conseguir una solución inicial. Si aparecen en la solución del problema como variables básicas significa que el problema carece de solución dado que sus restricciones son incompatibles.

- Dado el programa lineal

$$\text{Mín}\{-2\,X_1 - 3\,X_2\}$$

$$2\,X_1 + 3\,X_2 \leq 8$$

$$1\,X_1 + 8\,X_2 \geq 4$$

$$X_1, X_2 \geq 0$$

Incorpore al modelo las variables de holgura (S), variables de exceso (E) y variables artificiales (A) que corresponda.

$$\text{Mín}\{-2\,X_1 - 3\,X_2 + 0\,S_1 + 0\,E_1 + M\,A_1\}$$

$$2\,X_1 + 3\,X_2 + 1\,S_1 \qquad\qquad = 8$$

$$1\,X_1 + 8\,X_2 \qquad -1\,E_1 + 1\,A_1 = 4$$

$$X_1, X_2, S_1, E_1, A_1 \geq 0$$

La base factible inicial (matriz identidad) está formada por la variable de holgura S_1 y la variable artificial A_1.

$$
\begin{array}{cc}
S_1 & A_1
\end{array}
$$
$$B = \begin{bmatrix} 1 & 0 \\ 0 & 1 \end{bmatrix}$$

Tipos de soluciones

Atendiendo al tipo de solución que presentan, los programas lineales pueden ser **factibles** o **no factibles,** según exista o no un conjunto de valores que cumplen las restricciones. En caso de que no exista, las restricciones son inconsistentes, no se pueden satisfacer de forma simultánea. Las soluciones no factibles se caracterizan por tener cuando menos, una variable artificial positiva en la solución óptima. Por su parte, las soluciones factibles se clasifican en: única, múltiple y no acotada.

- Dado el programa lineal

$$\text{Máx}\{2\,X_1 + 1\,X_2\}$$

$$1\,X_1 + 2\,X_2 \leq 4$$

$$1\,X_1 + 3\,X_2 \geq 8$$

$$X_1, X_2 \geq 0$$

Cuya solución recoge la tabla siguiente.

	Z	X_1	X_2	S_1	E_1	A_1	
Z	1	M - 3/2	0	2 M + 1/2	M	0	2
X_2	0	1/2	1	1/2	0	0	2
A_1	0	- 1/2	0	- 3/2	- 1	1	2

Ninguna de las variables no básicas puede entrar en la base y mejorar la solución dado que sus costes reducidos son positivos siendo el problema de maximización. La **solución no es factible** ya que la variable artificial A_1 forma parte de la base con un valor positivo (2 unidades) en la solución óptima.

Solución no acotada

Una solución es **no acotada** cuando puede aumentar el valor de una o más de las variables de forma indefinida sin incumplir ninguna restricción, pudiendo crecer o decrecer de forma indefinida el valor de la función objetivo. La caracterización de solución no acotada se produce en cualquier iteración en la que $\left(B^{-1} \cdot A_{X_K}\right) \leq 0$, en cuyo caso el espacio de soluciones no está acotado en dicha dirección.

- Dado el programa lineal

$$\text{Máx}\{2\,X_1 + 1\,X_2\}$$

$$1\,X_1 - 2\,X_2 \leq 20$$

$$1\,X_1 \qquad \leq 10$$

$$X_1, X_2 \geq 0$$

Cuya solución recoge la tabla siguiente.

	Z	X_1	X_2	S_1	S_2	
Z	1	0	- 1	0	2	20
S_1	0	0	- 2	1	- 1	10
X_1	0	1	0	0	1	10

Entra en la base X_2 dado que tiene el coste reducido negativo siendo el problema de máximo. Sale de la base:

$$X_B = B^{-1} \cdot b - B^{-1} \cdot A_{X_2} \cdot X_2 = \begin{bmatrix} S_1 \\ X_1 \end{bmatrix} = \begin{bmatrix} 10 \\ 10 \end{bmatrix} - \begin{bmatrix} 1 & -1 \\ 0 & 1 \end{bmatrix} \cdot \begin{bmatrix} -2 \\ 0 \end{bmatrix} \cdot X_2$$

Dado que $\left(B^{-1} \cdot A_{X_2} \right) \leq 0$ al aumentar el valor de la variable no básica X_2 el valor de las variables básicas actuales en lugar de disminuir su valor, lo incrementan indefinidamente. Lo propio sucede con la función objetivo, siendo la **solución no acotada**.

Solución múltiple

Existen problemas que tienen más de una solución, en este caso se dice que se tienen **soluciones múltiples** debido a que la solución óptima se encuentra en un segmento de recta acotado por una de las restricciones. La identificación de soluciones múltiples se manifiesta por la existencia de variables no básicas con coste reducido cero en la solución óptima, lo que permite dichas variables entrar a formar parte de la base sin aumentar ni disminuir el valor de la función objetivo.

- Dado el programa lineal

$$\text{Máx}\{3\,X_1 + 6\,X_2\}$$

$$1\,X_1 + 2\,X_2 \leq 8$$

$$1\,X_1 + 1\,X_2 \leq 6$$

$$X_1, X_2 \geq 0$$

Cuya solución recoge la tabla siguiente.

	Z	X_1	X_2	S_1	S_2	
Z	1	0	0	3	0	24
X_2	0	1/2	1	1/2	0	4
S_2	0	1/2	0	- 1/2	1	2

Ninguna de las variables no básicas puede entrar en la base y mejorar la solución actual dado que sus costes reducidos son positivos siendo el problema de maximización. La solución hallada es óptima. Ahora bien, dada la existencia de una variable no básicas X_1 con coste reducido cero en la solución óptima, dicha variable puede entrar a formar parte de la base sin aumentar ni disminuir el valor de la función objetivo, la solución alternativa resultante viene recogida en la tabla siguiente.

	Z	X_1	X_2	S_1	S_2	
Z	1	0	0	3	0	24
X_2	0	0	1	1	-1	2
X_1	0	1	0	-1	2	4

Ninguna de las variables no básicas puede entrar en la base y mejorar la solución actual dado que sus costes reducidos son positivos siendo el problema de maximización. La solución hallada es óptima, siendo el valor de la función objetivo el mismo 24 unidades, si bien el valor de las variables ha cambiado.

Solución degenerada

En caso de empate al elegir la variable a salir de la base, la rotura arbitraria de dicho empate da lugar a que en la siguiente iteración una o más variables básicas lleguen a valer cero, en cuyo caso se dice que la **solución es degenerada**. El modelo tiene al menos una restricción redundante. Llegados a este punto, no existe la seguridad de que mejore el valor de la función objetivo dado que la nueva solución puede permanecer degenerada, con lo que el método simplex entra en un bucle que repite las mismas iteraciones sin alcanzar la óptima. Este problema se conoce como **ciclaje.**

- Dado el programa lineal

$$\text{Máx}\{3\,X_1 + 9\,X_2\}$$

$$1\,X_1 + 2\,X_2 \leq 4$$

$$1\,X_1 + 1\,X_2 \leq 2$$

$$X_1, X_2 \geq 0$$

Cuya solución recoge la tabla siguiente.

	Z	X_1	X_2	S_1	S_2	
Z	1	6	0	0	9	18
S_1	0	- 1	0	1	- 2	0
X_2	0	1	1	0	1	2

En la iteración anterior se produce un empate al elegir la variable a salir de la base

$$\text{Mín}\left\{\frac{B^{-1}\cdot b}{B^{-1}\cdot A_{X_2}} \quad \left(B^{-1}\cdot A_{X_2}\right)>0\right\}=\text{Mín}\left\{\frac{4}{2},\frac{2}{1}\right\}=2$$

De forma arbitraria se opta por la variable S_2 para salir de la base. Esta rotura arbitraria del empate da lugar a que en la siguiente iteración la variable básica S_1 pasa a valer cero, siendo la **solución degenerada**.

$$X_B = B^{-1}\cdot b - B^{-1}\cdot A_{X_2}\cdot X_2 = \begin{bmatrix} S_1 \\ S_2 \end{bmatrix} = \begin{bmatrix} 4 \\ 2 \end{bmatrix} - \begin{bmatrix} 1 & 0 \\ 0 & 1 \end{bmatrix}\cdot\begin{bmatrix} 2 \\ 1 \end{bmatrix}\cdot X_2$$

2.4 | Método Simplex Tabular

Método Simplex Tabular

Las dos expresiones, expuestas con anterioridad, que conforman el método simplex.

$$Z = c_B \cdot B^{-1} \cdot b - \left(c_B \cdot B^{-1} \cdot N - c_N \right) \cdot x_N$$

$$x_B = B^{-1} \cdot b - B^{-1} \cdot N \cdot x_N$$

Las puede representar en forma tabular tal como recoge la tabla siguiente.

	Z	X_B	X_N	
Z	1	0	$C_B \cdot B^{-1} \cdot N - C_N$	$C_B \cdot B^{-1} \cdot b$
X_B	0	I	$B^{-1} \cdot N$	$B^{-1} \cdot b$

Dado que

$$Z + \left(c_B \cdot B^{-1} \cdot N - c_N \right) \cdot x_N = c_B \cdot B^{-1} \cdot b$$

$$x_B + B^{-1} \cdot N \cdot x_N = B^{-1} \cdot b$$

Sobre la tabla puede aplicar el método simplex determinando la variable que entra, la variable que sale, y pivotar para efectuar el cambio de base dando lugar a la nueva solución. Los pasos a seguir son análogos a los enumerados con anterioridad para el método simplex.

1. Incorpore al modelo las variables de holgura (S), variables de exceso (E) y variables artificiales (A) que corresponda.

2. Halle una solución factible inicial.

3. Determine la variable que debe entrar en la base.

   Si el problema es de mínimo y todos los costes reducidos de las variables no básicas son negativos o nulos, la solución actual es óptima, en caso contrario puede entrar en la base cualquier variable cuyo coste reducido sea positivo. Lo contrario sucede en un problema de máximo, puede entrar en la base cualquier variable cuyo coste reducido sea negativo. De todas las variables que pueden entrar en la base elija aquella cuyo coste reducido sea mayor en valor absoluto dado que el coste reducido tiene efecto multiplicador y por tanto al multiplicar por un valor mayor su efecto sobre la función objetivo será mayor.

$$z = c_B \cdot B^{-1} \cdot b - \left(z_N - c_N\right) \cdot x_N$$

4. Decida la variable que debe salir de la base.

$$M\acute{n}\left\{\frac{B^{-1} \cdot b}{B^{-1} \cdot N} \quad \left(B^{-1} \cdot N\right) > 0\right\}$$

5. Calcule la nueva solución pivotando sobre la misma tabla.

6. Vaya al paso 3.

- Dado el programa lineal

$$\text{Mín}\{-1X_1 - 3X_2\}$$

$$2X_1 + 3X_2 \leq 6$$

$$-1X_1 + 1X_2 \leq 1$$

$$X_1, X_2 \geq 0$$

1. Incorpore al modelo las variables de holgura (S), variables de exceso (E) y variables artificiales (A) que corresponda.

$$\text{Mín}\{-1X_1 - 3X_2 + 0S_1 + 0S_2\}$$

$$2X_1 + 3X_2 + 1S_1 \qquad = 6$$

$$-1X_1 + 1X_2 \qquad + 1S_2 = 1$$

$$X_1, X_2, S_1, S_2 \geq 0$$

2. Halle una solución factible inicial.

	Z	X_1	X_2	S_1	S_2	
Z	1	1	3	0	0	0
S_1	0	2	3	1	0	6
S_2	0	-1	1	0	1	1

3. Determine la variable que debe entrar en la base.

Entra en la base X_2 dado que tiene el coste reducido positivo y de todos los positivos el mayor, siendo el problema de mínimo.

4. Decida la variable que debe salir de la base.

$$\text{Mín}\left\{\frac{B^{-1}\cdot b}{B^{-1}\cdot A_{X_K}} \quad \left(B^{-1}\cdot A_{X_K}\right)>0\right\} = \text{Mín}\left\{\frac{6}{3},\frac{1}{1}\right\} = 1 \quad \rightarrow \quad \text{Sale } S_2$$

5. Calcule la nueva solución pivotando sobre la misma tabla.

	Z	X_1	X_2	S_1	S_2	
Z	1	4	0	0	- 3	- 3
S_1	0	5	0	1	- 3	3
X_2	0	- 1	1	0	1	1

Divida la fila del pivote por el pivote $\rightarrow \quad F_3' = \dfrac{F_3}{1}$

Haga cero el resto de elementos de la columna del pivote

$$F_2' = F_2 - 3\cdot F_3$$

$$F_1' = F_1 - 3\cdot F_3$$

6. Vaya al paso 3 y repita los pasos 3 a 5 con la nueva base (S_1 y X_2). Debe repetir estos pasos hasta que todos los costes reducidos de las variables no básicas sean negativos o nulos, en cuyo caso al tratarse de un problema de mínimo la solución obtenida será la óptima.

2.5 | Método de Penalización
y
Método de las Dos Fases

Método de Penalización o de la M grande

Dado el siguiente programa lineal

$$\text{Mín} \left\{ z = c \cdot x \right\}$$

$$A \cdot x = b$$

$$x \geq 0$$

Al ser las restricciones de igualdad, la obtención de una solución factible inicial requiere la incorporación de variables artificiales x_a.

$$\text{Mín} \left\{ z = c \cdot x + x_a \right\}$$

$$A \cdot x + x_a = b$$

$$x, x_a \geq 0$$

Tal y como se ha expuesto con anterioridad, las variables artificiales no pueden formar parte de la solución dado que no tienen ninguna interpretación económica ni técnica del problema, son variables concebidas exclusivamente para la obtención de una solución factible inicial. Para lograr que dichas variables sean nulas en la solución óptima, ha de asignarles un coste unitario muy elevado M, dado que al tratarse de un modelo de coste mínimo, sí dichas variables tienen un coste unitario M mucho mayor que los restantes costes unitarios del modelo, el proceso de optimización excluirá las variables artificiales de la solución óptima.

$$\text{Mín} \left\{ z = c \cdot x + M \cdot x_a \right\}$$

$$A \cdot x + x_a = b$$

$$x, x_a \geq 0$$

Es decir, penalice el objetivo de manera que la presencia de las variables artificiales en la base sea poco grata.

El signo de las variables artificiales en la función objetivo va en contra del sentido de la misma, en problemas de maximización el signo es negativo, mientras que en los de minimización el signo de dichas variables es positivo, con el objetivo de que su valor en la solución óptima sea cero.

Dado el programa lineal

$$\text{Mín}\{4\,X_1 + 1\,X_2\}$$

$$3\,X_1 + 1\,X_2 = 3$$

$$4\,X_1 + 3\,X_2 \geq 6$$

$$1\,X_1 + 2\,X_2 \leq 4$$

$$X_1, X_2 \geq 0$$

1. Incorpore al modelo las variables de holgura (S), variables de exceso (E) y variables artificiales (A) que corresponda.

$$\text{Mín}\{4\,X_1 + 1\,X_2 + 0\,S_1 + 0\,E_1 + M\,A_1 + M\,A_2\}$$

$$3\,X_1 + 1\,X_2 \qquad\qquad\quad +1\,A_1 \qquad = 3$$

$$4\,X_1 + 3\,X_2 - 1\,E_1 \qquad\qquad +1\,A_2 = 6$$

$$1\,X_1 + 2\,X_2 \qquad +1\,S_1 \qquad\qquad = 4$$

$$X_1, X_2, S_1, E_1, A_1, A_2 \geq 0$$

2. Halle una solución factible inicial.

$$z_N - c_N = c_B \cdot B^{-1} \cdot N - c_N$$

$$z_N - c_N = (M \quad M \quad 0) \cdot \begin{bmatrix} 1 & 0 & 0 \\ 0 & 1 & 0 \\ 0 & 0 & 1 \end{bmatrix} \cdot \begin{bmatrix} 3 & 1 & 0 \\ 4 & 3 & -1 \\ 1 & 2 & 0 \end{bmatrix} - (4 \quad 1 \quad 0) = (-4 + 7M \quad -1 + 4M \quad -M)$$

$$Z = c_N \cdot x_B = (M \quad M \quad 0) \cdot \begin{bmatrix} 3 \\ 6 \\ 4 \end{bmatrix} = 9M$$

	Z	X_1	X_2	E_1	S_1	A_1	A_2	
Z	1	- 4 + 7 M	- 1 + 4 M	- M	0	0	0	9 M
A_1	0	3	1	0	0	1	0	3
A_2	0	4	3	- 1	0	0	1	6
S_1	0	1	2	0	1	0	0	4

3. Determine la variable que debe entrar en la base.

Entra en la base X_1 dado que tiene el coste reducido positivo y de todos los positivos el mayor, siendo el problema de mínimo.

4. Decida la variable que debe salir de la base.

$$\text{Mín} \left\{ \frac{B^{-1} \cdot b}{B^{-1} \cdot A_{X_1}} \quad \left(B^{-1} \cdot A_{X_1} \right) > 0 \right\} = \text{Mín} \left\{ \frac{3}{3}, \frac{6}{4}, \frac{4}{1} \right\} = 1 \quad \rightarrow \quad \text{Sale } A_1$$

5. Calcule la nueva solución pivotando sobre la misma tabla.

	Z	X_1	X_2	E_1	S_1	A_1	A_2	
Z	1	0	1/3 + 5/3 M	- M	0	4/3 - 7/3 M	0	4 + 2 M
X_1	0	1	1/3	0	0	1/3	0	1
A_2	0	0	5/3	- 1	0	- 4/3	1	2
S_1	0	0	5/3	0	1	- 1/3	0	3

Divida la fila del pivote por el pivote $\rightarrow \quad F_2' = \dfrac{F_2}{3}$

Haga cero el resto de elementos de la columna del pivote

$$F_3' = F_3 - 4 \cdot F_2$$

$$F_4' = F_4 - F_2$$

$$F_1' = F_1 - (-4 + 7\,M) \cdot F_2$$

6. Vaya al paso 3 y repita los pasos 3 a 5 hasta que todos los costes reducidos de las variables no básicas sean negativos o nulos, en cuyo caso al tratarse de un problema de mínimo la solución obtenida será la óptima.

Método de las Dos Fases

Como su propio nombre indica consta de dos fases, en la primera reemplace la función objetivo del modelo por la minimización de la suma de las variables artificiales con el objetivo de eliminarlas de la solución. Si lo consigue, el valor de la función objetivo será cero y puede proceder a la segunda fase, en caso contrario el problema no es factible.

$$\text{Mín} \left\{ z = 1 \cdot x_a \right\}$$

$$A \cdot x + x_a = b$$

$$x, x_a \geq 0$$

En la segunda etapa resuelva el problema original a partir de la solución básica factible hallada en la primera fase.

$$\text{Mín} \left\{ z = c \cdot x \right\}$$

$$A \cdot x = b$$

$$x \geq 0$$

- Dado el programa lineal

$$\text{Mín}\{4\,X_1 + 1\,X_2\}$$

$$3\,X_1 + 1\,X_2 = 3$$

$$4\,X_1 + 3\,X_2 \geq 6$$

$$1\,X_1 + 2\,X_2 \leq 4$$

$$X_1, X_2 \geq 0$$

1. Incorpore al modelo las variables de holgura (S), variables de exceso (E) y variables artificiales (A) que corresponda.

$$\text{Mín}\{4\,X_1 + 1\,X_2 + 0\,S_1 + 0\,E_1\}$$

$$3\,X_1 + 1\,X_2 \qquad\qquad +1\,A_1 \qquad = 3$$

$$4\,X_1 + 3\,X_2 - 1\,E_1 \qquad\qquad +1\,A_2 = 6$$

$$1\,X_1 + 2\,X_2 \qquad +1\,S_1 \qquad\qquad = 4$$

$$X_1, X_2, S_1, E_1, A_1, A_2 \geq 0$$

FASE 1

Reemplace la función objetivo del modelo por la minimización de la suma de las variables artificiales.

$$\text{Mín}\left\{1\,A_1 + 1\,A_2\right\}$$

$$3\,X_1 + 1\,X_2 \qquad\qquad +1\,A_1 \qquad = 3$$

$$4\,X_1 + 3\,X_2 - 1\,E_1 \qquad\qquad +1\,A_2 = 6$$

$$1\,X_1 + 2\,X_2 \qquad +1\,S_1 \qquad\qquad = 4$$

$$X_1, X_2, S_1, E_1, A_1, A_2 \geq 0$$

2. Halle una solución factible inicial de la FASE 1.

$$z_N - c_N = c_B \cdot B^{-1} \cdot N - c_N$$

$$z_N - c_N = \begin{pmatrix}1 & 1 & 0\end{pmatrix}\cdot\begin{bmatrix}1 & 0 & 0\\ 0 & 1 & 0\\ 0 & 0 & 1\end{bmatrix}\cdot\begin{bmatrix}3 & 1 & 0\\ 4 & 3 & -1\\ 1 & 2 & 0\end{bmatrix} - \begin{pmatrix}0 & 0 & 0\end{pmatrix} = \begin{pmatrix}7 & 4 & -1\end{pmatrix}$$

$$Z = c_N \cdot x_B = \begin{pmatrix}1 & 1 & 0\end{pmatrix}\cdot\begin{bmatrix}3\\ 6\\ 4\end{bmatrix} = 9$$

	Z	X_1	X_2	E_1	S_1	A_1	A_2	
Z	1	7	4	- 1	0	0	0	9
A_1	0	3	1	0	0	1	0	3
A_2	0	4	3	- 1	0	0	1	6
S_1	0	1	2	0	1	0	0	4

3. Determine la variable a entrar en la base.

   Entra en la base X_1 dado que tiene el coste reducido positivo y de todos los positivos el mayor, siendo el problema de mínimo.

4. Decida la variable que debe salir de la base.

$$\text{Mín}\left\{ \frac{B^{-1} \cdot b}{B^{-1} \cdot A_{X_1}} \quad \left(B^{-1} \cdot A_{X_1} \right) > 0 \right\} = \text{Mín}\left\{ \frac{3}{3}, \frac{6}{4}, \frac{4}{1} \right\} = 1 \quad \rightarrow \quad \text{Sale } A_1$$

5. Calcule la nueva solución pivotando sobre la misma tabla.

	Z	X_1	X_2	E_1	S_1	A_1	A_2	
Z	1	0	5/3	- 1	0	- 7/3	0	2
X_1	0	1	1/3	0	0	1/3	0	1
A_2	0	0	5/3	- 1	0	- 4/3	1	2
S_1	0	0	5/3	0	1	- 1/3	0	3

$$\text{Divida la fila del pivote} \quad \rightarrow \quad F_2^{'} = \frac{F_2}{3}$$

Haga cero el resto de elementos de la columna del pivote

$$F_3^{'} = F_3 - 4 \cdot F_2$$

$$F_4^{'} = F_4 - F_2$$

$$F_1^{'} = F_1 - 7 \cdot F_2$$

6. Repita los pasos 3 a 5 hasta que todos los costes reducidos de las variables no básicas sean negativos o nulos, en cuyo caso al tratarse de un problema de mínimo la solución obtenida será la óptima.

Entra en la base X_2 dado que tiene el coste reducido positivo y de todos los positivos el mayor, siendo el problema de mínimo.

$$\text{Mín}\left\{\frac{B^{-1} \cdot b}{B^{-1} \cdot A_{X_2}} \quad \left(B^{-1} \cdot A_{X_2}\right) > 0\right\} = \text{Mín}\left\{\frac{1}{1/3}, \frac{2}{5/3}, \frac{3}{5/3}\right\} = \frac{6}{5} \quad \rightarrow \quad \text{Sale } A_2$$

	Z	X_1	X_2	E_1	S_1	A_1	A_2	
Z	1	0	0	0	0	- 1	- 1	0
X_1	0	1	0	1/5	0	3/5	- 1/5	3/5
X_2	0	0	1	- 3/5	0	- 4/5	3/5	6/5
S_1	0	0	0	1	1	1	- 1	1

Divida la fila del pivote $\rightarrow$ $F_3' = \dfrac{F_3}{5/3}$

Haga cero el resto de elementos de la columna del pivote

$$F_4' = F_4 - \frac{5}{3} \cdot F_3$$

$$F_2' = F_2 - \frac{1}{3} \cdot F_3$$

$$F_1' = F_1 - \frac{5}{3} \cdot F_3$$

Una vez eliminadas las variables artificiales de la solución puede proceder a la segunda fase.

FASE 2

Resuelva el problema original a partir de la solución básica factible hallada en la primera fase.

$$\text{Mín}\{4\,X_1 + 1\,X_2 + 0\,S_1 + 0\,E_1\}$$

$$3\,X_1 + 1\,X_2 \qquad\qquad +1\,A_1 \qquad = 3$$

$$4\,X_1 + 3\,X_2 - 1\,E_1 \qquad\qquad +1\,A_2 = 6$$

$$1\,X_1 + 2\,X_2 \qquad +1\,S_1 \qquad\qquad = 4$$

$$X_1, X_2, S_1, E_1, A_1, A_2 \geq 0$$

2. Solución factible inicial de la FASE 2.

$$z_N - c_N = c_B \cdot B^{-1} \cdot N - c_N$$

$$z_{E_1} - c_{E_1} = \begin{pmatrix} 4 & 1 & 0 \end{pmatrix} \cdot \begin{bmatrix} 1/5 \\ -3/5 \\ 1 \end{bmatrix} - 0 = \frac{1}{5}$$

$$Z = c_N \cdot x_B = \begin{pmatrix} 4 & 1 & 0 \end{pmatrix} \cdot \begin{bmatrix} 3/5 \\ 6/5 \\ 1 \end{bmatrix} = \frac{18}{5}$$

	Z	X_1	X_2	E_1	S_1	
Z	1	0	0	1/5	0	18/5
X_1	0	1	0	1/5	0	3/5
X_2	0	0	1	- 3/5	0	6/5
S_1	0	0	0	1	1	1

3. Determine la variable a entrar en la base.

Entra en la base E_1 dado que tiene el coste reducido positivo siendo el problema de mínimo.

4. Decida la variable que debe salir de la base.

$$\text{Mín}\left\{\frac{B^{-1}\cdot b}{B^{-1}\cdot A_{E_1}} \quad \left(B^{-1}\cdot A_{E_1}\right)>0\right\}=\text{Mín}\left\{\frac{3/5}{1/5},-,\frac{1}{1}\right\}=1 \quad \rightarrow \quad \text{Sale } S_1$$

5. Calcule la nueva solución pivotando sobre la misma tabla.

	Z	X_1	X_2	E_1	S_1	
Z	1	0	0	0	- 1/5	17/5
X_1	0	1	0	0	- 1/5	2/5
X_2	0	0	1	0	3/5	9/5
E_1	0	0	0	1	1	1

$$\text{Divida la fila del pivote por el pivote} \quad \rightarrow \quad F_4' = \frac{F_4}{1}$$

Haga cero el resto de elementos de la columna del pivote

$$F_3' = F_3 + \frac{3}{5} \cdot F_4$$

$$F_2' = F_2 - \frac{1}{5} \cdot F_4$$

$$F_1' = F_1 - \frac{1}{5} \cdot F_4$$

Ninguna variable no básica puede entrar en la base y mejorar la solución actual dado que los costes reducidos de las variables no básicas son negativos y el problema es de mínimo. La solución hallada es óptima.

2.6 | Dualidad

Todo modelo lineal tiene asociado su correspondiente modelo dual. El modelo original recibe el nombre de primal. Así, dado el siguiente modelo lineal al que llamaremos primal

$$\text{Máx} \left\{ z = c \cdot x \right\}$$

$$A \cdot x \leq b$$

$$x \geq 0$$

Su modelo dual asociado es

$$\text{Mín} \left\{ b^t \cdot w \right\}$$

$$A^t \cdot w \geq c$$

$$w \geq 0$$

Donde w son las variables duales, b los recursos del primal y c los coeficientes de la función objetivo del primal. Basta resolver uno de los dos (primal o dual) para tener la solución de ambos dado que la tabla óptima recoge la solución óptima del problema dual asociado.

- Dado el programa lineal

$$\text{Mín}\{4\,X_1 + 1\,X_2\}$$

$$3\,X_1 + 1\,X_2 = 3$$

$$4\,X_1 + 3\,X_2 \geq 6$$

$$1\,X_1 + 2\,X_2 \leq 4$$

$$X_1, X_2 \geq 0$$

Su correspondiente modelo dual

$$\text{Máx}\{3\,W_1 + 6\,W_2 + 4\,W_3\}$$

$$3\,W_1 + 4\,W_2 + 1\,W_3 \leq 4$$

$$1\,W_1 + 3\,W_2 + 2\,W_3 \leq 1$$

$$W_1 \text{ no restringida} \qquad W_2 \geq 0 \qquad W_3 \leq 0$$

El número de restricciones del primal se corresponde con el número de variables del dual, y viceversa, el número de variables del primal es igual al número de restricciones del dual.

Para escribir el modelo dual puede usar la tabla siguiente que recoge las relaciones de dualidad.

DUALIDAD		
Minimizar		**Maximizar**

	$\geq$	$\longleftrightarrow$	$\leq$
Variables	$\leq$	$\longleftrightarrow$	$\geq$	**Restricciones**
	No restringido	$\longleftrightarrow$	$=$

	$\geq$	$\longleftrightarrow$	$\geq$
Restricciones	$\leq$	$\longleftrightarrow$	$\leq$	**Variables**
	$=$	$\longleftrightarrow$	No restringido

Teoremas de dualidad

→ El dual del problema dual es el problema primal.

→ Sean x y w soluciones factibles de los problemas primal y dual respectivamente. Se verifica que el valor máximo del objetivo primal es una cota inferior del valor mínimo del objetivo dual, y recíprocamente, el valor mínimo del objetivo dual es una cota superior del valor máximo del objetivo primal.

$$c \cdot x \leq b^t \cdot w$$

→ Si las soluciones factibles x y w verifican $c \cdot x = b^t \cdot w$ entonces x y w son soluciones óptimas para el primal y el dual respectivamente.

→ Si existe una solución óptima del problema primal, existe una solución óptima del problema dual. De igual forma si existe una solución óptima del dual, existe una solución óptima del primal.

→ Si el problema primal es no acotado ⇒ el dual no es factible.

→ Si el problema dual es no acotado ⇒ el primal no es factible.

→ Si el primal no es factible ⇒ el dual es no acotado o no es factible.

→ Si el dual no es factible ⇒ el primal es no acotado o no es factible.

→ **Solución óptima del dual**. Si B es la base óptima del primal, entonces $w = c_B \cdot B^{-1}$ es la solución óptima del dual.

Teorema de la holgura complementaria

Dadas dos soluciones factibles x y w para el primal y el dual respectivamente, son óptimas sí y solo sí se verifica

$$x^t \cdot \left(A^t \cdot w - c\right) + w^t \cdot \left(b - A \cdot x\right) = 0$$

Dadas las soluciones óptimas x y w del primal y del dual respectivamente, las restricciones de ambos problemas pueden escribirse de la siguiente forma

$$b - A \cdot x \geq 0$$

$$A^t \cdot w - c \geq 0$$

Dado que las soluciones óptimas del primal y del dual son no negativas $\left(x \geq 0 \quad w \geq 0\right)$, pre-multiplicando las desigualdades anteriores por w y x respectivamente, resulta

$$w^t \cdot \left(b - A \cdot x\right) \geq 0$$

$$x^t \cdot \left(A^t \cdot w - c\right) \geq 0$$

El teorema de la holgura complementaria evidencia que la suma de los dos primeros miembros de las anteriores desigualdades es igual a cero, de donde

$$w^t \cdot (b - A \cdot x) = 0$$

$$x^t \cdot (A^t \cdot w - c) = 0$$

Ecuaciones que recogen que si uno de los dos factores no es igual a cero, el otro debe serlo, lo que da lugar a las siguientes conclusiones que permiten calcular la solución del dual conocida la solución del primal, o viceversa, la solución del primal sabida la del dual.

1. Si una variable del primal es positiva, la correspondiente restricción del dual se verifica con igualdad.

$$x > 0 \quad \Rightarrow \quad A^t \cdot w - c = 0$$

2. Si una restricción del primal no se verifica con igualdad, la correspondiente variable del dual es igual a cero.

$$A \cdot x < b \quad \Rightarrow \quad w = 0$$

3. Si una variable del dual es positiva, la correspondiente restricción del primal se verifica con igualdad.

$$w > 0 \quad \Rightarrow \quad b - A \cdot x = 0$$

4. Si una restricción del dual no se verifica con igualdad, la correspondiente variable del primal es igual a cero.

$$A^t \cdot w > c \quad \Rightarrow \quad x = 0$$

▪ Dado el programa lineal

$$\text{Mín}\{4\,X_1 + 1\,X_2\}$$

$$3\,X_1 + 1\,X_2 = 3$$

$$4\,X_1 + 3\,X_2 \geq 6$$

$$1\,X_1 + 2\,X_2 \leq 4$$

$$X_1, X_2 \geq 0$$

Cuya solución óptima viene dada en la tabla siguiente.

Z	17/5
X_1	2/5
X_2	9/5
E_1	1

A partir de la solución óptima del primal puede calcular la solución óptima del dual tomando en consideración el teorema de la holgura complementaria.

$$\text{Máx}\{3\,W_1 + 6\,W_2 + 4\,W_3\}$$

$$3\,W_1 + 4\,W_2 + 1\,W_3 \leq 4$$

$$1\,W_1 + 3\,W_2 + 2\,W_3 \leq 4$$

$$W_1 \text{ no restringida} \qquad W_2 \geq 0 \qquad W_3 \leq 0$$

1. Si una variable del primal es positiva, la correspondiente restricción del dual se verifica con igualdad.

$$X_1 > 0 \quad \Rightarrow \quad 3\,W_1 + 4\,W_2 + 1\,W_3 = 0 \quad \Rightarrow \quad S_1 = 0$$

$$X_2 > 0 \quad \Rightarrow \quad 1\,W_1 + 3\,W_2 + 2\,W_3 = 0 \quad \Rightarrow \quad S_2 = 0$$

2. Si una restricción del primal no se verifica con igualdad, la correspondiente variable del dual es igual a cero.

$$4\,X_1 + 3\,X_2 > 6 \quad \Rightarrow \quad W_2 = 0$$

De donde

$$\begin{aligned} 3\,W_1 + 4\,W_2 + 1\,W_3 &= 4 \\ 1\,W_1 + 3\,W_2 + 2\,W_3 &= 1 \end{aligned} \quad \Rightarrow \quad \begin{aligned} 3\,W_1 + 1\,W_3 &= 4 \\ 1\,W_1 + 2\,W_3 &= 1 \end{aligned} \quad \Rightarrow \quad \begin{aligned} W_1 &= {}^7\!/_5 \\ W_3 &= -{}^1\!/_5 \end{aligned}$$

Siendo

$$Z = 3\,W_1 + 6\,W_2 + 4\,W_3 = \left(3 \times \frac{7}{5}\right) + \left(6 \times 0\right) + \left(4 \times \left(-\frac{1}{5}\right)\right) = \frac{17}{5}$$

2.7 | Análisis de Sensibilidad

Resulta habitual que los valores de los coeficientes de las variables incluidas en un modelo no sean conocidos con certeza, sino que sus valores sean estimados. Ello requiere que una vez hallada la solución óptima, evalúe la incidencia que sobre dicha solución óptima producen los posibles cambios en los valores de dichos coeficientes. A continuación se explica cómo determinar el cambio ocurrido en la solución óptima cuando varía alguno de los coeficientes o la estructura del modelo, sin necesidad de resolverlo de nuevo. Para ello se recurre al modelo siguiente:

$$\text{Mín}\left\{z = c \cdot x\right\} \qquad\qquad \text{Mín}\left\{z = c_B \cdot x_B + c_N \cdot x_N\right\}$$

$$A \cdot x = b \qquad \rightarrow \qquad (B \quad N) \cdot \begin{pmatrix} x_B \\ x_N \end{pmatrix} = b$$

$$x \geq 0 \qquad\qquad X_B, X_N \geq 0$$

Cuya solución óptima recoge la tabla.

	Z	X_B	X_N	
Z	1	0	$C_B \cdot B^{-1} \cdot N - C_N$	$C_B \cdot B^{-1} \cdot b$
X_B	0	I	$B^{-1} \cdot N$	$B^{-1} \cdot b$

Cambia el coeficiente de la función objetivo de una variable no básica

La tabla anterior muestra que los coeficientes de la función objetivo correspondientes a variables no básicas C_N sólo afectan al cálculo del coste reducido de la variable no básica correspondiente. Debe pues recalcular **únicamente** el coste reducido de la variable no básica j cuyo coeficiente de la función objetivo ha cambiado.

$$Z_j - C_j = C_B \cdot B^{-1} \cdot A_j - C_j$$

Si el nuevo valor del coste reducido es negativo la solución actual sigue siendo óptima, en caso contrario la variable cuyo coeficiente de la función objetivo ha cambiado puede entrar en la base mejorando la solución actual dado que su coste reducido es positivo siendo el problema de mínimo.

Si el coeficiente de función objetivo de la variable no básica j cambia de C_j a C_j', su coste reducido cambia de $\left(Z_j - C_j\right)$ a $\left(Z_j - C_j'\right)$. Siendo el problema de mínimo, la solución actual seguirá siendo óptima mientras

$$Z_j - C_j' < 0 \quad \Rightarrow \quad Z_j < C_j'$$

Si el coeficiente C_j incrementa su valor la solución actual seguirá siendo óptima, en caso contrario dicha variable puede entrar en la base mejorando la solución actual. El rango de valores del nuevo valor del coeficiente dentro del cual la solución actual sigue siendo óptima viene dado por:

$$Z_j \le C_j' \le \infty$$

Cambia el coeficiente de la función objetivo de una variable básica

	Z	X_B	X_N	
Z	1	0	$C_B \cdot B^{-1} \cdot N - C_N$	$C_B \cdot B^{-1} \cdot b$
X_B	0	I	$B^{-1} \cdot N$	$B^{-1} \cdot b$

La tabla revela que los coeficientes de la función objetivo correspondientes a variables básicas C_B influyen en el cálculo del coste reducido de las variables no básicas y en el valor de la función objetivo. Cabe pues recalcular los costes reducidos de todas las variables no básicas así como el valor de la función objetivo.

$$Z_N - C_N = C_B \cdot B^{-1} \cdot N - C_N$$

$$Z = C_B \cdot B^{-1} \cdot b$$

Si todos los nuevos costes reducidos de las variables no básicas siguen siendo negativos la solución actual sigue siendo óptima, en caso contrario la variable no básica cuyo coste reducido sea el mayor de los positivos puede entrar en la base mejorando la solución actual al ser el problema de mínimo.

Cambia el término independiente (cantidad disponible de un recurso)

	Z	X_B	X_N	
Z	1	0	$C_B \cdot B^{-1} \cdot N - C_N$	$C_B \cdot B^{-1} \cdot b$
X_B	0	I	$B^{-1} \cdot N$	$B^{-1} \cdot b$

El cambio en la cantidad disponible de un recurso no afecta que la solución actual siga siendo óptima. La tabla evidencia que el término independiente **b** no interviene en el cálculo del coste reducido de las variables no básicas, luego la solución actual seguirá siendo óptima. Dicho término sólo interviene en el cálculo del valor de las variables básicas y de la función objetivo. Corresponde pues evaluar el nuevo valor de las variables básicas y el nuevo valor de la función objetivo.

$$X_B = B^{-1} \cdot b$$

$$Z = C_B \cdot B^{-1} \cdot b$$

Si el nuevo valor de las variables básicas es positivo la solución actual sigue siendo óptima, en caso contrario la solución actual si bien es óptima no resulta factible dado que no cumple la condición de no negatividad de las variables, en este caso debe reconstruir la factibilidad mediante la aplicación del método simplex dual.

Añade una variable al modelo

	Z	X_B	X_N	X_j	
Z	1	0	$C_B \cdot B^{-1} \cdot N - C_N$	$C_B \cdot B^{-1} \cdot A_j - C_N$	$C_B \cdot B^{-1} \cdot b$
X_B	0	I	$B^{-1} \cdot N$	$B^{-1} \cdot A_j$	$B^{-1} \cdot b$

Incorporar una nueva variable X_j en la tabla requiere el cálculo del coste reducido de dicha variable y del vector $(B^{-1} \cdot A_j)$ de la misma.

$$Z_j - C_j = C_B \cdot B^{-1} \cdot A_j - C_j$$

$$B^{-1} \cdot A_j$$

Si el coste reducido de la nueva variable es negativo la solución actual sigue siendo óptima, en caso contrario dicha variable puede entrar en la base mejorando la solución actual al tener el coste reducido positivo siendo el problema de mínimo.

Añade una restricción al modelo

	Z	X_B	X_N	
Z	1	0	$C_B \cdot B^{-1} \cdot N - C_N$	$C_B \cdot B^{-1} \cdot b$
X_B	0	I	$B^{-1} \cdot N$	$B^{-1} \cdot b$

Verifique en primer lugar si la solución óptima actual satisface la nueva restricción. En caso afirmativo la solución actual sigue siendo óptima con la nueva restricción, en caso contrario añada la nueva restricción a la tabla óptima y reconstruya la base.

Si en la tabla resultante, una vez reconstruida la base, el valor de las variables básicas es positivo, la solución es factible, en caso contrario use el método simplex dual para restablecer la factibilidad y conseguir que todas las variables básicas sean no negativas.

Si la solución es factible y el coste reducido de las variables no básicas es negativo, la solución es óptima, en caso contrario la variable no básica cuyo coste reducido sea el mayor de los positivos puede entrar en la base mejorando la solución actual al ser el problema de mínimo.

2.8 | Método Simplex Dual

Este método resulta de aplicación cuando el problema es óptimo y no es factible. En este caso la variable que debe elegir para salir de la base es aquella cuyo valor sea el más negativo, y como variable a entrar en la base la variable cuyo cociente

$$\left\{ \frac{z_N - c_N}{B^{-1} \cdot N} \quad \left(B^{-1} \cdot N\right) < 0 \right\}$$ sea mínimo. En el caso de que $(B^{-1} \cdot N) \geq 0$ el

problema dual es no acotado y el primal no es factible.

- Dada la siguiente tabla óptima correspondiente a un problema de maximización.

	Z	X_1	X_2	S_1	S_2	S_3	
Z	1	0	0	5	1	0	500.000
X_2	0	0	1	1	- 1	0	100.000
X_1	0	1	0	2	1	0	200.000
S_3	0	0	0	- 1	1	3	- 25.000

Si bien la solución es óptima dado que todos los costes reducidos son positivos y el problema es de maximización, no es factible dado que no cumple con la condición de no negatividad de las variables. Para reconstruir la factibilidad debe aplicar el método simplex dual.

Iteración 1 - Sale de la base S_3 ya que su valor es negativo (no es factible). Entra de la base:

$$\text{Min}\left\{ \frac{Z_j - C_j}{A_{S_3, j}}, A_{S_3, j} < 0 \right\} = \text{Min}\left\{ \frac{5}{1}, - \right\} = 5 \quad \rightarrow \quad S_1$$

	Z	X_1	X_2	S_1	S_2	S_3	
Z	1	0	0	0	6	15	375.000
X_2	0	0	1	0	0	3	75.000
X_1	0	1	0	0	3	6	150.000
S_1	0	0	0	1	- 1	- 3	25.000

Ninguna de las variables no básicas puede entrar en la base y mejorar la solución actual dado que sus costes reducidos son positivos siendo el problema de máximo. La solución hallada es óptima y factible.

2.9 | Método Simplex con Cotas

Dado el modelo:

$$\text{Mín} \left\{ z = c \cdot x \right\}$$

$$A \cdot x = b$$

$$L \leq x \leq U$$

Siendo L la cota inferior y U la cota superior. Para la resolución de un modelo con cotas dispone de tres alternativas posibles:

1. Tratar las cotas como restricciones adicionales.

$$\text{Mín} \left\{ z = c \cdot x \right\} \qquad\qquad \text{Mín} \left\{ z = c \cdot x \right\}$$

$$A \cdot x = b \qquad\qquad A \cdot x = b$$

$$\rightarrow$$

$$x \leq U \qquad\qquad x + S = U$$

$$L \leq x \qquad\qquad L - E = x$$

Con ello el modelo pasa de m restricciones a (m + 2 . n) restricciones, y de n variables a (n + n + n) variables.

2. Sí sólo hay cotas inferiores basta efectuar un cambio de variable.

$$L \leq x \qquad \Rightarrow \qquad 0 \leq x - L \qquad \Rightarrow \qquad 0 \leq y$$

$$\boxed{y = x - L}$$

3. Sí hay variables no básicas a cotas superiores y variables no básicas a cotas inferiores.

$$(B \quad N_1 \quad N_2) \cdot \begin{pmatrix} x_B \\ x_{N_1} \\ x_{N_2} \end{pmatrix} = b \quad \Rightarrow \quad B \cdot x_B + N_1 \cdot x_{N_1} + N_2 \cdot x_{N_2} = b$$

Donde $X_{N_1} = L$ son las variables no básicas a cota inferior, y $X_{N_2} = U$ las variables no básicas a cota superior.

Entra en la base

La variable no básica a cota inferior cuyo coste reducido sea positivo $z_j - c_j > 0$.

La variable no básica a cota superior cuyo coste reducido sea negativo $z_j - c_j < 0$.

De todas las variables que pueden entrar en la base debe elegir aquella cuyo coste reducido sea mayor en valor absoluto dado que el coste reducido tiene efecto multiplicador y por tanto al multiplicar por un mayor valor su efecto sobre la función objetivo será mayor.

Sale de la base

La variable que sale de la base depende de sí la variable que entra aumenta desde su cota inferior o disminuye desde su cota superior.

a) La variable que entra aumenta desde su cota inferior.

$$\beta_1 = \left\{ \begin{array}{ll} \text{Min } \dfrac{X_{B_i} - L_{B_i}}{\left(B^{-1} \cdot A_{K_i}\right)} & \text{si } \left(B^{-1} \cdot A_{K_i}\right) > 0 \\ \\ \infty & \text{si } \left(B^{-1} \cdot A_{K_i}\right) \le 0 \end{array} \right\}$$

$$\beta_2 = \left\{ \begin{array}{ll} \text{Min } \dfrac{U_{B_i} - X_{B_i}}{-\left(B^{-1} \cdot A_{K_i}\right)} & \text{si } \left(B^{-1} \cdot A_{K_i}\right) < 0 \\ \\ \infty & \text{si } \left(B^{-1} \cdot A_{K_i}\right) \ge 0 \end{array} \right\}$$

$$U_K - L_K$$

Según que alguna de las variables básicas alcance su cota inferior, su cota superior, ó la variable no básica que aumenta de valor llegue a su cota superior, respectivamente.

b) La variable que entra disminuye desde su cota superior.

$$\beta_1 = \left\{ \begin{array}{ll} \text{Min } \dfrac{X_{B_i} - L_{B_i}}{-\left(B^{-1} \cdot A_{K_i}\right)} & \text{si } \left(B^{-1} \cdot A_{K_i}\right) < 0 \\ \\ \infty & \text{si } \left(B^{-1} \cdot A_{K_i}\right) \ge 0 \end{array} \right\}$$

$$\beta_2 = \left\{ \begin{array}{ll} \text{Min } \dfrac{U_{B_i} - X_{B_i}}{\left(B^{-1} \cdot A_{K_i}\right)} & \text{si } \left(B^{-1} \cdot A_{K_i}\right) > 0 \\ \\ \infty & \text{si } \left(B^{-1} \cdot A_{K_i}\right) \le 0 \end{array} \right\}$$

$$U_K - L_K$$

Según que alguna de las variables básicas alcance su cota inferior, su cota superior, ó la variable no básica que disminuye de valor llegue a su cota inferior, respectivamente.

La variable a salir de la base así como su incremento de valor, viene dado por:

$$\Delta_K = \text{Min} \left\{ \beta_1 , \beta_2 , U_K - L_K \right\}$$

En el caso de que dicho valor sea infinito la solución no está acotada. El nuevo valor de las variables básicas

$$\boxed{X_B^{\text{nuevo}} = X_B^{\text{actual}} - \left(B^{-1} \cdot A_K \right) \cdot \Delta_K}$$

2.10 Forma Producto de la Inversa

Entrar y salir una variable de la base se realiza habitualmente mediante el método del pivote. Pivotar consiste en llevar a cabo transformaciones elementales en matrices, es decir, en pre-multiplicar una matriz por una matriz elemental. Una matriz elemental es una matriz cuadrada que difiere de la identidad en una única fila o columna.

En el método de la forma producto de la inversa se almacena la inversa de la base B^{-1} como producto de matrices elementales E_i.

$$B_1^{-1} = I$$

$$B_2^{-1} = E_1 \cdot B_1^{-1} = E_1 \cdot I = E_1$$

$$B_3^{-1} = E_2 \cdot B_2^{-1} = E_2 \cdot E_1$$

$$\ldots\ldots\ldots\ldots\ldots\ldots\ldots\ldots$$

En general:

$$\boxed{B_i^{-1} = E_{i-1} \cdot E_{i-2} \cdots\cdots\cdots E_1}$$

El uso de este método facilita llevar a cabo todos los pasos del método simplex sin necesidad de pivotar. Así, para el cálculo de las variables duales

$$\boxed{w = c_B \cdot B_i^{-1} = c_B \cdot E_{i-1} \cdot E_{i-2} \cdots\cdots E_2 \cdot E_1}$$

Lo que le permite evaluar el coste reducido de las variables no básicas $z_N - c_N = w \cdot N - c_N$. De igual forma, puede fijar el valor de los vectores $(B^{-1} \cdot N)$ mediante el producto de matrices elementales.

$$\boxed{B_i^{-1} \cdot A_k = E_{i-1} \cdot E_{i-2} \cdots\cdots E_2 \cdot E_1 \cdot A_k}$$

La elección de la variable a entrar en la base así como la de la variable a salir se efectúa siguiendo los criterios habituales del método simplex. Conocida la posición r de la variable que sale de la base y la de la que entra k, la fila r columna k corresponde al pivote. La columna r de la matriz elemental es la columna distinta de la identidad, columna que se genera de la siguiente forma:

$$\begin{bmatrix} -\dfrac{B_i^{-1} \cdot A_{1k}}{B_i^{-1} \cdot A_{rk}} \\[2em] \cdots\cdots\cdots \\[1em] \dfrac{1}{B_i^{-1} \cdot A_{rk}} \\[2em] \cdots\cdots\cdots \\[1em] -\dfrac{B_i^{-1} \cdot A_{mk}}{B_i^{-1} \cdot A_{rk}} \end{bmatrix}$$

Cada matriz elemental se describe por la anterior columna no unitaria y su posición r. Por ejemplo, en la primera iteración del ejercicio 1 del texto, la posición de la variable que entra k = 2 y la de la variable que sale r = 1, de donde la columna distinta de la identidad:

$$
\begin{bmatrix}
\dfrac{1}{B_1^{-1} \cdot A_{12}} \\[2em]
-\dfrac{B_i^{-1} \cdot A_{22}}{B_1^{-1} \cdot A_{12}}
\end{bmatrix}
=
\begin{bmatrix}
\dfrac{1}{2} \\[2em]
-\dfrac{2}{2}
\end{bmatrix}
$$

Columna que ocupa la posición r = 1 de la matriz elemental.

$$
E_1 =
\begin{bmatrix}
\dfrac{1}{2} & 0 \\[2em]
-\dfrac{2}{2} & 1
\end{bmatrix}
$$

Dado que la tabla del simplex en la iteración 1 sería:

	Z	X_1	X_2	S_1	E_1	A_1	
Z	1	M + 6	2 M + 4	0	- M	0	9 M
S_1	0	3	2	1	0	0	4
A_1	0	1	2	0	- 1	1	9

Pre-multiplicar por la matriz elemental es equivalente a pivotar.

$$\begin{bmatrix} \dfrac{1}{2} & 0 \\ -\dfrac{2}{2} & 1 \end{bmatrix} \cdot \begin{bmatrix} 3 & 2 & 0 & 0 & 0 \\ 1 & 2 & 1 & -1 & 1 \end{bmatrix}$$

La fila del pivote se multiplica por 1/2, lo que equivale a dividir la fila por el pivote. Posteriormente, la fila del pivote dividida por el pivote se multiplica por (- 2) y se suma a la tercera fila. Estas transformaciones elementales de filas son iguales a la tradicional operación de pivotar.

	Z	X_1	X_2	S_1	E_1	A_1	
X_2	0	3/2	1	1/2	0	0	2
A_1	0	- 2	0	- 1	- 1	1	5

Producto de la matriz elemental por un vector

Una de las operaciones que requiere la forma producto de la inversa es el producto de la matriz elemental E por un vector v. Para llevar a cabo dicho producto

1. Ponga un cero en la posición r del vector v.

2. Sume al vector del apartado anterior el vector resultante de multiplicar la columna distinta de la identidad de la matriz elemental por el valor que ocupaba la posición r en el vector v.

En el ejemplo anterior r = 1 y k = 2 de donde:

$$E_1 \cdot b = E_1 \cdot \begin{bmatrix} 4 \\ 9 \end{bmatrix} = \begin{bmatrix} 0 \\ 9 \end{bmatrix} + 4 \cdot \begin{bmatrix} \dfrac{1}{2} \\ -\dfrac{2}{2} \end{bmatrix} = \begin{bmatrix} 2 \\ 5 \end{bmatrix}$$

Puede comprobar que ciertamente concuerda con el resultado de multiplicar la matriz elemental por el vector b.

$$E_1 \cdot b = \begin{bmatrix} \dfrac{1}{2} & 0 \\ -\dfrac{2}{2} & 1 \end{bmatrix} \cdot \begin{bmatrix} 4 \\ 9 \end{bmatrix} = \begin{bmatrix} 2 \\ 5 \end{bmatrix}$$

Producto de un vector por la matriz elemental

Otro cálculo relevante es el producto del vector c_B por la matriz elemental E, con el objeto de evaluar el nuevo valor de las variables duales. El resultado de dicho producto se corresponde con el vector c_B al que únicamente debe modificar el valor de la posición r del mismo. El nuevo valor de la posición r viene dado por el resultado de multiplicar el vector c_B por la columna distinta de la identidad de la matriz elemental.

En el ejemplo anterior r = 1 y k = 2, de donde:

$$\begin{pmatrix} -4 & M \end{pmatrix} \cdot \begin{bmatrix} \dfrac{1}{2} \\[2mm] -\dfrac{2}{2} \end{bmatrix} = -2 - M$$

$$c_B \cdot E_1 = \begin{pmatrix} -4 & M \end{pmatrix} \cdot E_1 = \begin{pmatrix} -2 - M & M \end{pmatrix}$$

Puede comprobar que ciertamente concuerda con el resultado de multiplicar la matriz elemental por el vector b.

$$c_B \cdot E_1 = (-4, M) \cdot \begin{bmatrix} \dfrac{1}{2} & 0 \\[2mm] -\dfrac{2}{2} & 1 \end{bmatrix} = (-2 \ -M \ \ M)$$

2.11 Análisis Post-Óptimo

El análisis post-óptimo explora las consecuencias que causa a la solución óptima una modificación de los datos iniciales del modelo. Cabe distinguir dos modalidades de análisis post-óptimo:

1. **Análisis de la sensibilidad**. Investiga los efectos de la alteración de elementos aislados, tal y como se ha mostrado con anterioridad.

2. **Análisis paramétrico**. Estudia los resultados de cambios continuos de un conjunto de coeficientes en función de un parámetro continuo.

Dado el modelo siguiente, del cual conoce su solución óptima.

$$\text{Mín}\left\{z = c \cdot x\right\} \qquad\qquad \text{Mín}\left\{z = c_B \cdot x_B + c_N \cdot x_N\right\}$$

$$A \cdot x = b \qquad \rightarrow \qquad (B \quad N)\cdot\begin{pmatrix} x_B \\ x_N \end{pmatrix} = b$$

$$x \geq 0 \qquad\qquad X_B, X_N \geq 0$$

A continuación se explica cómo efectuar un análisis paramétrico del mismo.

Análisis de rango de los coeficientes de la función objetivo

El objetivo es averiguar cuánto puede aumentar o disminuir los coeficientes de la función objetivo sin modificar la solución optima.

Dado que el modelo es de mínimo, en la solución óptima los costes reducidos de las variables no básicas son negativos, lo que impide a dichas variables entrar en la base y mejorar la solución.

$$z_N - c_N = c_B \cdot B^{-1} \cdot N - c_N \ \leq \ 0$$

Para que la solución actual siga siendo óptima se requiere pues que los costes reducidos de las variables no básicas sigan siendo negativos.

a) Incrementa el coeficiente de una variable no básica.

$$c_B \cdot B^{-1} \cdot A_j - \left(c_j + \Delta c_j\right) \leq 0 \quad \Rightarrow \quad c_B \cdot B^{-1} \cdot A_j - c_j \leq \Delta c_j$$

Esta expresión le permite determinar cuánto puede aumentar o disminuir el coeficiente de una variable no básica sin modificar la solución optima, y por tanto, establecer el rango de valores de dicho coeficiente para los que la solución actual es óptima.

b) **Incrementa el coeficiente de una variable básica**.

$$z_j - c_j = \left(c_B + \Delta c_B \right) \cdot B^{-1} \cdot N - c_j$$

Δc_B facilita la evaluación de cuánto puede aumentar o disminuir el coeficiente de una variable básica sin modificar la solución optima, y establecer el rango de valores de dicho coeficiente para los que la solución actual es óptima. Δc_B no afecta la solución óptima si el coste reducido de las variables no básicas es negativo dado que el modelo propuesto es de mínimo.

$$z_j - c_j = \left(c_B + \Delta c_B \right) \cdot B^{-1} \cdot N - c_j \leq 0$$

Análisis de rango del término independiente

Recoge el rango de valores entre los que puede variar un componente del vector b sin cambiar la solución óptima. Para que la solución actual siga siendo factible además de óptima, el valor de las variables básicas debe ser positivo o nulo, en caso contrario si bien la solución es óptima, no es factible.

$$X_B = B^{-1} \cdot b \geq 0 \quad \Rightarrow \quad \left(B^{-1} \cdot b\right) + \Delta b \geq 0$$

Desigualdad que permite calcular cuánto puede aumentar o disminuir un recurso (término independiente) sin modificar la solución optima, y por tanto, establecer el rango de valores de dicho recurso para los que la solución actual es óptima.

Análisis paramétrico de los coeficientes de la función objetivo

Explica la variación que se produce de forma continua a lo largo de una dirección λ arbitraria.

$$c_B^{nuevo} = c_B^{actual} + \Delta c_B$$

$$\Delta c_B = k \cdot \lambda$$

Al tratarse de un modelo de mínimo la perturbación dará lugar a un cambio de base si existe una variable no básica cuyo coste reducido sea positivo.

$$\left(c_B^{actual} + \Delta c_B\right) \cdot B^{-1} \cdot N - c_j \geq 0$$

Lo que de producirse tendrá lugar para valores de λ mayores o iguales que el valor crítico.

$$\lambda = Mín\left\{-\frac{z_j - c_j}{k \cdot \left(B^{-1} \cdot A_{k,j}\right)}\right\}$$

Análisis paramétrico del término independiente

Describe la variación que se produce de forma continua a lo largo de una dirección λ arbitraria.

$$b^{nuevo} = b^{actual} + \Delta b$$

$$\Delta b = k \cdot \lambda$$

La perturbación dará lugar a un cambio en la solución óptima del modelo sólo si se ve afectada la factibilidad:

$$B^{-1} \cdot \left(b^{actual} + \Delta b\right) < 0$$

Siendo en este caso el valor crítico:

$$\lambda = \text{Mín}\left\{\frac{B^{-1} \cdot b^{actual}}{B^{-1} \cdot k \cdot \lambda}\right\}$$